Ciclos fatais:
SOCIALISMO E DIREITOS HUMANOS

Geanluca Lorenzon

Ciclos fatais:
socialismo e direitos humanos

Sobre a inevitabilidade da destruição
humanitária sob o socialismo

1ª Edição

Mises Brasil

MISES BRASIL

Copyright © by *Geanluca Lorenzon*

Editado por:
Instituto Ludwig von Mises Brasil
R. Leopoldo Couto Magalhães Junior, 1098, cj. 46 – Itaim Bibi
CEP: 04542-001, São Paulo – SP
Tel.: +55 11 3704 3782
E-mail: contato@mises.org.br
www.mises.org.br

Impresso no Brasil / Printed in Brazil
ISBN - 978-85-8119-102-7

Revisão Ortográfica
Mariana Diniz Lion
Thaiz Batista

Revisão Técnica
Fabio Barbieri
Mariana Piaia Abreu

Avaliação 1ª Edição (2014)
Ricardo Seitenfus
Rodrigo Saraiva Marinho

FICHA CATALOGRÁFICA

I643a   Lorenzon, Geanluca

Ciclos Fatais: Socialismo e Direitos Humanos / Geanluca Lorenzon.
– São Paulo : Instituto Ludwig von Mises. Brasil, 2017.
183p
ISBN - 978-85-8119-102-7

1. Mercado 2. Justiça 3. Sociedade 4. Economia 5. Direitos Humanos

CDU – 330.83

*O socialismo sempre falhará.
Ele é profundamente errado na teoria,
e trágico na prática.*

*A questão é quantos milhões
terão que sofrer ainda para que os intelectuais
notem o tamanho dessa* **arrogância fatal**.

Sumário

NOTA TÉCNICA	9
PREFÁCIO	11
INTRODUÇÃO	15

CAPÍTULO I
SOCIALISMO: A PRETENSÃO DO CONHECIMENTO — 19
1.1 O que é socialismo? — 21
1.2. Distinguindo o socialismo em suas encarnações políticas — 30
1.3 A linha tênue entre o fenômeno econômico e político — 43

CAPÍTULO II
DIREITOS HUMANOS: ORIGENS E INFLUÊNCIA — 45
2.1 A formação histórica e conceituação internacional dos direitos humanos — 48
2.2 O legado liberal aos direitos humanos: a geração individual, negativa e objetiva — 53
2.3 O legado socialista aos direitos humanos: a geração social, positiva e subjetiva — 58
2.4 O panorama atual dos direitos humanos frente ao plano internacional — 80

CAPÍTULO III
A DESTRUIÇÃO HUMANITÁRIA TRIFÁSICA SOB O SOCIALISMO — 85
3.1 A primeira fase: a crise socioeconômica — 98
3.2 A segunda fase: a crise totalitária — 118
3.3 A terceira fase: a crise anti-humanitária — 134

CAPÍTULO IV
OS CICLOS HUMANITÁRIOS — 149
4.1 A ação e reação — 151
4.2 O avanço e cumulação de ciclos — 161
4.3 Aprofundamento ou descontinuidade — 169
4.4 O atraso ou ausência de reação em casos específicos — 177

CAPÍTULO V
DESAFIOS CONTEMPORÂNEOS — 183
5.1 Os direitos humanos no liberalismo contemporâneo — 185
5.2 Uma hipótese sobre a inefetividade dos direitos humanos atualmente — 197

CONCLUSÃO	207
DADOS GRÁFICOS	211
OVERVIEW	218
REFERÊNCIAS	219
RECONHECIMENTOS	233
SOBRE O AUTOR	235

Nota técnica

Este livro é o fruto de uma extensa pesquisa iniciada em 2013, que buscou reunir o conhecimento apriorística-teórico dos temas tratados com os relatos históricos altamente incontroversos. Uma primeira edição puramente acadêmica foi introduzida ao final de 2014, sob orientação do Dr. Ricardo Seitenfus. Entre 2015 e 2016, a pesquisa foi apresentada e discutida no ambiente acadêmico com estudantes e pesquisadores de diversas faculdades pelo Brasil, incluindo a Universidade Federal de Santa Maria (UFSM), a faculdade de economia da Universidade Federal do Rio Grande do Sul (UFRGS), a Universidade de Fortaleza (UNIFOR), a Universidade do Estado da Bahia (UNEB), a Universidade do Extremo Sul Catarinense (UNESC), a Universidade Federal de Juiz de Fora (UFJF), dentre outras instituições.

Agora, apresenta-se esta obra como um trabalho completamente novo e ampliado, dotado de uma nova linguagem e aprofundamento da teoria apresentada em 2014, a qual se mostrou fidedigna e acertada nas evoluções do fenômeno socialista ocorridas no mundo após a primeira publicação.

Seguindo a linha editorial do Instituto Mises Brasil, escolhe-se grafar a palavra "estado" nesta obra com letra minúscula.

Prefácio

por Felippe Hermes[1]

Sintetizar os acontecimentos do século XX não é lá uma tarefa das mais fáceis. Para alguns dos liberais mais extremados, trata-se do século das guerras, e não por um acaso, uma época onde o crescimento e o tamanho dos governos parecia não ter limites. Com certa generosidade, mas mantendo o bom senso, não é difícil encarar este período como um de confrontos de ideias.

Do início ao fim, teorias nascidas no esteio da revolução industrial, pensadas e planejadas para moldar a sociedade, ganharam espaço na realidade daquele período. Na prática, entretanto, nem toda perfeição descrita nos livros, e nem toda a certeza que um verniz científico parecia garantir, foram suficientes para impedir que muitas dessas ideias se mostrassem fracassos retumbantes quando confrontadas com a realidade.

---

[1] Felippe Hermes é editor e fundador do premiado *news outlet* brasileiro Spotniks.

Ao final do século, regimes totalitários foram depostos na maior parte do mundo e, em boa parte dos demais casos, forçados a se abrandar, ainda que muitas vezes apenas no campo econômico. A globalização, ensaiada durante o início do século, voltou com tudo ao final dele, e mesmo os regimes mais sedutores, como as sociais-democracias europeias, mostraram-se repletos de falhas e obrigaram seus defensores a implementar mudanças.

Da Heritage Foundation ao Fraser Institute, não são poucas as instituições liberais que corroboram a noção de que a liberdade econômica tem ganhado força nas últimas décadas. Ainda assim, a sensação que fica é de uma vitória amarga, incompleta, quase um fracasso.

Como fica claro também nos dias atuais, a ideia do socialismo ainda seduz, e se mantém mais viva do que nunca. Como mostrou a conceituada *Gallup*, a nova geração literalmente prefere o socialismo ao capitalismo, e não sem seus motivos.

Defender o socialismo nos dias de hoje não se resume a uma concepção sobre como devem ser estruturados os meios de produção em uma sociedade, ou como a economia reagirá aos incentivos plantados por esta ou aquela mentalidade. Trata-se de uma guerra pura pelo poder da narrativa, entre o bem e o mal, nós e eles, os 99% contra o 1%. Como ficará claro ao leitor durante toda a obra, porém, há um enorme choque de realidade entre discurso e prática quando o assunto são direitos humanos e socialismo.

Muito mais do que argumentar ou confrontar a esquerda com a realidade, o livro permitirá ao leitor fazer uma autorreflexão e entender de que forma corrigir um erro, que a cada dia que passa, se torna mais danoso. Ao passo em que os liberais e conservadores centraram-se em combater o comunismo pelo seu sistema econômico planificado, naturalmente incapaz de dar às pessoas aquilo que elas esperam, deixaram desassistidas algumas das ideias mais fundamentais ao convívio e à formação da civilização ocidental.

Não por um acaso, sem merecer a devida atenção por conservadores, e especialmente liberais, essas ideias foram abraçadas por grupos que sob qualquer olhar mais atento, em nada se assemelham ao seu propósito original.

Rastrear os momentos históricos em que este abandono se deu é, contudo, uma tarefa muito mais simples do que aparenta. Imagine por exemplo, que a primeira parada LGBT ocorrida em Nova York, no dia 28 de junho de 1970 e apelidada de Christopher Street Liberation Day, tinha como principal objetivo lutar contra a repressão estatal em bares frequentados por homossexuais no distrito de Greenwich Village. O que levou um movimento nascido para lutar contra a repressão estatal a ser tão comumente associado nos dias de hoje a ideias como aquelas defendidas na vizinha Cuba, que nos mesmos anos de 1970 ainda mantinha campos de trabalho forçado para homossexuais?

Como saímos de uma época na qual liberais proeminentes como Joaquim Nabuco centravam suas críticas ao comunismo na negação do mais básico dos direitos humanos, a propriedade sobre si mesmo, para um período no qual falar de direitos humanos é uma pauta considerada de esquerda?

A cada capítulo desta obra, ficará mais e mais difícil ao leitor manter qualquer esperança de associar a defesa dos direitos humanos a qualquer das concepções de socialismo existentes, seja ele um socialismo Fabiano, comunismo, ou mesmo o bolivarianismo. A consequência mais óbvia de todas será forçar o leitor a buscar a origem do erro e abandonar certas pautas em detrimento de outras.

Trata-se porém não de uma mera narrativa histórica, ou um *economicismo* daqueles que abraça o mundo sem explicar o básico, mas de uma oportunidade infelizmente ainda rara no Brasil de presenciar um bom uso da interdisciplinaridade entre o direito e a economia, o *law and economics*, que nos permite ir desde a concepção do que vem a ser o socialismo, como da origem dos direitos humanos, e em ambos os casos, garantindo um bom entendimento para permitir que o próprio leitor constate na essência a incompatibilidade entre ambos.

Ao passo em que os conceitos ficarem claros, é possível também compreender de que forma foi criada a narrativa para que o socialismo contemplasse sua própria visão de direitos humanos, uma vez que coube ao próprio Marx definir que estes direitos não deveriam ser individuais, mas coletivos. Em outras palavras, o leitor poderá entender do início a origem dos chamados direitos sociais, e de que forma estes foram sobrepujando os próprios direitos humanos sob a perspectiva socialista, até que estes fossem completamente positivados.

Por fim, o leitor terá a oportunidade de vislumbrar como podemos parar a máquina de constantes agressões aos direitos individuais, alimentada pela ampliação sistemática do conceito de direito, em detrimento ao mais básico de todos, aquele mesmo salientado por Nabuco.

É de se esperar, portanto, que a obra contribua para garantir ao leitor resgatar valores e princípios a um certo tempo esquecidos, além de expandir suas ideias para aquilo que de novo os liberais puderam produzir a respeito dessas questões.

O que se pode dizer, ao concluir por completo a obra, é que tratamos aqui de um assunto demasiadamente importante para a liberdade, para que o deixemos a cargo de pessoas instintivamente antiliberais.

Felippe Hermes

Porto Alegre, março de 2017

Introdução

A PRÓXIMA TENTATIVA SOCIALISTA VAI DAR CERTO

"Todas as experiências já realizadas de socialismo estavam erradas. Não eram o 'verdadeiro socialismo'. A próxima tentativa vai dar certo". Parece estranho, mas toda vez que intelectuais ou políticos decidem defender o sistema econômico socialista, eles são obrigados a recorrer a esses tipos de justificativas, como maneira de desviar o debate das horrendas tragédias e experiências do passado.

Os genocídios, crises, fome generalizada, decadência e caos, nada mais seriam do que uma coincidência, ou uma consequência direta da falta de disciplina dos mortos em seguir o "verdadeiro e correto" plano do que seria o "socialismo".

Infelizmente, esse discurso tem dado resultado. Uma pesquisa realizada pela prestigiada Gallup em 2016, com a chamada geração *millenial*, mostra que 55% da população norte-americana, entre a idade de 18 a 29 anos, prefere o sistema socialista ao capitalista.[2]

Mas e se os trágicos exemplos históricos não tivessem sido uma mera coincidência? E se todo o sofrimento que o socialismo impôs à humanidade no século XX fosse completamente previsível cientificamente, e, até, já contemplado por defensores desse sistema dois séculos atrás?

É sobre essas questões que este livro se debruça.

A Análise Econômica do Direito (*law and economics*) é um campo de estudo ainda pequeno no Brasil, ao menos em sua acepção atual. Muitos são os assuntos que podem ser vislumbrados a partir de premissas econômicas, mas a disciplina de direitos humanos certamente é um terreno quase inexplorado nessa área.

Uma das hipóteses que explica essa ausência é a dificuldade em precisar e identificar um ordenamento jurídico delimitado do que seriam "direitos humanos". De fato, ao longo da história, muitos foram os conceitos adotados. Advindos na modernidade a partir da concepção de direitos naturais, esse corpo protetivo já foi restrito, discriminatório e completamente inócuo.

Porém, hoje os direitos humanos são dotados de um caráter relevante frente à comunidade internacional. Eles são parte de um corpo vinculante que reflete a prática dos diferentes estados, caminhando, cada dia mais, em direção à universalidade.

---

[2] Americans' Views of Socialism, Capitalism Are Little Changed. Frank Newport. Gallup International. May 6, 2016.

Desde a revolução industrial, a humanidade tem avançado nesse aspecto. Em diferentes partes do globo, sob diversas culturas ou distintos países, o ser humano goza de proteção e respeito como nunca se viu antes. Contudo, existiu um fenômeno mundial que interrompeu essa tendência generalizada de crescimento no respeito à condição humana: o socialismo.

Esse modelo foi talvez uma das maiores construções teóricas da história. Estudado, debatido e pesquisado, o conceito foi desenhado para formatar uma sociedade ideal, que pudesse ultrapassar as barreiras e as dificuldades do ser egoísta, e trazer ao (novo) homem uma libertação verdadeira.

Contudo, as experiências nesse modelo não obtiveram sucesso. Passo-a-passo, o mundo viu a escalada e o declínio do regime soviético, sua referência fundamental, que por sete décadas tentou superar os problemas econômicos de sua própria concepção. Se foi o conhecimento de intelectuais que levou à formação do socialismo, foi também a chamada *arrogância fatal* que causou um dos maiores desastres humanitários da história.

Esta obra visa entender primeiramente o que é socialismo em termos técnicos. Além do que se almeja e suas disposições políticas, faz-se necessário vislumbrar no que consiste uma economia socialista, e o que isso representa frente ao indivíduo.

Da moral objetiva nasceu o *jusnaturalismo*, que advogou por uma ideia universal do direito, independente da cultura, local, sociedade ou qualquer outro contexto social em que o sujeito estiver inserido.

Foram os direitos naturais que iniciaram a longa caminhada do que são hoje os direitos humanos: a ideia básica e fundamental de que a vida do indivíduo cabe a ele próprio, em detrimento dos demais, da sociedade e do estado. Nesse sentido, compreenderemos o que eles são, e como podem ser concebidos no contexto atual.

Após, esta obra irá responder à pergunta fundamental proposta, acerca da inevitabilidade da tragédia humanitária em sistemas econômicos socialistas, o que será visto tanto através de um processo de três fases, como também por uma teoria cíclica que explica a expansão e auto reprodução do modelo.

É importante mencionar que as análises que aqui serão feitas partem de um pressuposto de indiferença em relação às reais intenções dos dirigentes e condutores de uma sociedade socialista, uma vez que será demonstrado que os problemas intrínsecos ao modelo independem de qualquer motivação maléfica previamente deliberada, sendo apenas necessário o ímpeto por insistir na ideologia de planejamento central.

O objetivo desta obra é reformatar completamente a perspectiva política e jurídica de como socialismo (e seus sistemas econômicos práticos) é contemplado atualmente nos ambientes acadêmicos brasileiros, bem como reintroduzir ao seu posto de merecimento o papel fundamental que o liberalismo jurídico teve na evolução da humanidade, através da concepção moderna de direitos humanos.

Todo esse campo de discussões, que cresceram e se reproduziram com maior intensidade após a Revolução Industrial, conduzem a uma questão básica e fundamental: por que todas as experiências socialistas falharam em manter vivos e efetivos os direitos humanos? Eis a questão.

Capítulo I

~

Socialismo: a pretensão do conhecimento

Nunca houve historicamente um sistema econômico mais propenso a causar a destruição humanitária do que o socialismo. Apresentando-se nos últimos séculos sob várias terminologias dentro do espectro político (comunismo, socialdemocracia, socialismo Fabiano, bolivarianismo, nacional-socialismo, etc.), o socialismo econômico pôde se manifestar através de diferentes perspectivas e maneiras.

Enquanto há muito espaço para o debate no campo da política partidária, este capítulo analisará e definirá o conceito técnico de socialismo, para somente então vislumbrar como esse sistema se apresentou na história, suas diferentes roupagens e principais características.

Faz-se necessário analisar o fenômeno socialista por ele ser a causa maior da Teoria dos Ciclos Humanitários, que será apresentada no quarto capítulo desta obra, razão pela qual é impossível dissociar o socialismo das violações de direitos humanos. Ao contrário do que alegam seus defensores, não é uma mera coincidência que todas as experiências econômicas desse tipo tenham acabado em tragédias históricas sem precedentes.

De acordo com o conceituado dicionário Oxford da língua inglesa, socialismo é a teoria política e econômica de organização social que advoga que os meios de produção, distribuição e troca devem ser propriedade, ou devem ser controlados, por um grupo social como um todo.[3] Em outras palavras, o completo controle da economia sob um sistema central e organizado. Nesse sentido, o termo socialismo tem sido usado para descrever várias posições políticas, mas necessariamente como oposição a uma economia de livre mercado, a versão mais antagônica possível ao que almeja o raciocínio liberal.

Contudo, essa definição não é suficiente para indicar o significado técnico de socialismo sob uma perspectiva econômica. Para que se possa melhor analisar no que consiste a oposição à liberdade de mercado, e no que concerne o controle da mesma por um determinado arranjo social, irá se recorrer à perspectiva lógica apresentada a seguir.

---

[3] SOCIALISMO. In: OXFORD DICTIONARY. Londres: Oxford University Press, 2014 Disponível em: <http://www.oxforddictionaries.com/us/definition/american_english/socialism> Acesso em: 1 nov. 2014.

Capítulo 1.1

O que é socialismo?

Todo mundo o quer, mas ninguém deseja assumir a paternidade dessa "criança". Achar um político hoje que admita que qualquer das experiências passadas de socialismo seja o que ele gostaria de ver implementado é praticamente impossível.

Essa lógica parece fazer sentido. Ninguém quer "assinar embaixo" de um regime responsável pelas maiores tragédias da humanidade.[4] O problema não reside tão somente nas intenções daqueles que advogam por uma nova tentativa, mas pela hipocrisia e – na maioria das vezes – ignorância em entender que não se trata de uma mera coincidência.

Considerando que o objetivo é demonstrar se existe uma relação necessária entre o fenômeno econômico e as violações, ao que se pode considerar como, direitos humanos, é de suma importância determinar com exatidão o significado atribuído à expressão *socialismo* nesta obra. Pode-se adiantar que será usado uma definição incontroversa.[5]

---

[4] Ver gráfico à pág. 147.

[5] Nesse sentido vale a atentar ao debate acadêmico e intelectual ocorrido no século passado entre Friedrich Hayek e o economista socialista Oskar Lange, a partir do problema do cálculo econômico sob o socialismo demonstrado por Ludwig von Mises na década de 20. O conceito aqui apresentado e discutido é considerado amplamente incontroverso.

Ao contrário do senso comum, Karl Marx não foi o fundador do socialismo. Sua concepção já estava claramente delineada e formulada antes do autor alemão, tendo advindo da ideia de pensadores do século XVIII que viam o indivíduo com liberdade como sendo uma ameaça ao "bem-comum", uma vez que o seu egoísmo (autointeresse) prejudicaria a formação de uma sociedade ideal.[6] Assim, a solução encontrada por esses intelectuais foi formular a ideia de uma sociedade em que as ações dos indivíduos seriam direcionadas por um plano comum, a fim de se atingir um objetivo coletivo determinado que seria maior que os meros interesses privados de cada cidadão. A liberdade do mercado era visto como uma anarquia a ser combatida.

Isso nos leva ao entendimento máximo e fundamental do estudo da economia, que é a ação humana: todo indivíduo age com um propósito determinado por ele, para chegar a um objetivo que julgue ser lhe conveniente. Partindo desse pressuposto, o socialismo tem que interferir sobre a ação humana, para que as pessoas não mais ajam com base em suas deliberações individuais, mas sim em consonância com um plano que será elaborado de forma centralizada, o qual conduziria a sociedade como um todo a algo mais desejável do que ocorreria caso cada um agisse baseado em suas próprias determinações.

Assim sendo, socialismo é um sistema de condução da *ação humana* para fins determinados de forma centralmente planejada. Para isso, faz-se necessário agredi-la ao que seria normalmente, uma vez que os indivíduos naturalmente já agem baseado em suas próprias cognições e seu conhecimento limitado. Daí surgem as expressões que descrevem esse sistema como "economia planificada", "supremacia do interesse da sociedade", "sistema centralmente coordenado", etc.

Por um olhar mais informal (e simplista), socialismo significa o controle de todas as ações econômicas de uma sociedade através do planejamento realizado

---

[6] MISES, Ludwig von. Human Action. 1949. Capítulo 25.

por uma entidade central, enquanto capitalismo é o sistema em que todos os indivíduos agem conforme suas próprias deliberações.

Outro conceito introdutório de socialismo é "todo o sistema de agressão institucional ao livre exercício da função empresarial."[7]

Função empresarial é um estado de permanente alerta, para "colher" conhecimento que conduzirá a uma ação humana. A ideia do socialismo é que toda atitude com fins econômicos que os indivíduos tomem estejam de acordo com um sistema coordenado pela sociedade (na forma do estado). O conceito de agressão e/ou coerção é definido aqui *da seguinte forma:*

> Por agressão ou coerção devemos entender toda a violência física, ou ameaça de violência física, iniciada e exercida sobre o agente por outro ser humano ou grupo de seres humanos. Como consequência, e para evitar males maiores, o agente que, de outra forma teria exercido livremente a sua função empresarial, vê-se forçado a agir de forma diferente da que teria feito noutras circunstâncias, modificando, assim, o seu comportamento e adequando-o aos fins daquele ou daqueles que exercem alguma coerção sobre ele.[8]

Essa é a razão pela qual não existem empreendedores dentro de um sistema socialista. Toda a estrutura produtiva passa a ser parte do estado.

---

[7] DE SOTO, Jesús Huerta. Socialismo, Cálculo Econômico e Função Empresarial. Tradução de Bruno Garschagen. São Paulo: Instituto Ludwig von Mises Brasil, 2013. p. 71

[8] Ibid., p.71

Como mencionamos, no modelo socialista os indivíduos devem conduzir suas ações humanas em conformidade com uma coordenação estabelecida centralmente pela sociedade, na forma de seu corpo administrativo: o estado.

A forma específica com que esse órgão toma as decisões e elabora o planejamento é absolutamente irrelevante. Mesmo que haja um sistema que colete informações próximas ao dia-a-dia do indivíduo, que existam assembleias ou comitês "democráticos", que os líderes sejam eleitos por maiorias, ou ainda que a programação seja resultado de métricas elaboradas por gênios e computadores jamais vistos sobre a face da terra, seu caráter continuará sendo absolutamente indiferente para o que se analisará aqui.

Não importa se esse planejamento seja realizado a poucos metros de sua casa ou se as decisões sejam auferidas pelo sindicato do bairro. O mero fato de que exista um órgão decisório que defina como as pessoas devem agir economicamente, desconsiderando sua autonomia, já configura a centralização descrita.

Em outras palavras, o planejamento econômico (socialismo) existe toda a vez que se impõe uma hierarquia para as decisões da ação humana. Nesse sistema, toda a sociedade deve agir economicamente conforme determinado por ninguém menos que o estado (entendido aqui como o corpo dirigente e administrador da sociedade), seja ele estabelecido da forma que for, ainda que (como se demonstrará no decorrer do livro) exista uma inevitável tendência de governos socialistas a se tornarem autoritários.

Na vida real, todos os indivíduos são agentes econômicos que se engajam na grande rede de trocas chamada por nós de mercado, através de suas ações individuais do dia-a-dia. Tecnicamente, define-se *ação humana* como "todo o comportamento ou conduta deliberada"[9] com o fim específico de levar o indivíduo

---

[9] MISES, Ludwig Von. Ação Humana. São Paulo: Instituto Ludwig von Mises Brasil, 2010.

de uma situação de maior desconforto para uma de menor. Quando um casal de namorados se abraça, em um ato de afeto, estão agindo conforme o axioma da ação humana e se engajando em uma troca de recursos voluntários às suas disposições, como tempo e capital humano. Se aplicam a essa lógica todas as ações tomadas pelos indivíduos, independente do grau de repercussão "econômica".

A importância de jamais centralizar a decisão por uma determinada conduta econômica nasce do princípio dos estudos dessa ciência. O economista austríaco Ludwig von Mises afirma que "numa economia real, todo agente é sempre um empresário e um especulador",[10] e que "empresário é simplesmente aquele que reage às mudanças que ocorrem no mercado."[11] Conclui-se, por conseguinte, que todo indivíduo do mundo por se engajar no conceito de ação humana, é sempre um empresário e um especulador.

Por exemplo, quando alguém oferece sua mão de obra para um empregador ou ao estado (através de um concurso público);[12] ou ainda quando recolhe utensílios caseiros e os anuncia como "a venda" em uma rede social, o indivíduo está se comportando como empresário e buscando uma relação econômica; ao mesmo tempo, comporta-se como especulador, por estar dotado de habilidade racional capaz de imaginar e prever os incertos resultados positivos e negativos dessa relação em um dado tempo, através da determinação de um preço ou de outros benefícios que possa almejar conquistar. A mesma coisa ocorre quando alguém procura um parceiro(a) em um aplicativo de relacionamentos como o *Tinder*™, em que o indivíduo está aceitando e rejeitando ofertas, especulando e empreendendo, sem ter o conhecimento completo do que quer, uma vez que sabe que o que encontrará é imprevisível. Logo, ele age em suposições, enquanto vai coordenando suas expectativas imediatamente de acordo com as opções disponíveis no "mercado".

---

[10] Ibid., p. 309

[11] Ibid., p. 310

[12] Em um Sistema socialista, todos seriam funcionários públicos, direta ou indiretamente.

Todo indivíduo pretende alcançar determinados fins, que descobriu serem, de alguma forma, importantes para si.[13] Toda ação humana almeja levar o indivíduo de uma posição de maior desconforto psicológico, para uma de menor desconforto. O que é desconforto? Isso somente pode ser decidido pelo próprio indivíduo e os valores pessoais e íntimos de sua psique. E para isso ele deve ser livre.

Esse processo corrobora o conceito *apriorístico* elaborado pela Escola Austríaca, através do chamado *axioma fundamental*, que diz que seres humanos individuais agem propositadamente para atingir as metas desejadas – sempre algo mais desejável do que o estado atual das coisas.[14]

Importante notar que em muitos casos a restrição ou agressão institucional que regem um modelo socialista derivam do desejo deliberado de melhorar o processo de coordenação social e alcançar determinados fins ou objetivos.[15] Infelizmente, esses objetivos (por razões que serão abordadas no terceiro capítulo) são cientificamente impossíveis de serem atingidos pelo meio proposto.

Assim sendo, no sentido econômico, socialismo é toda a restrição ou agressão institucional contra o livre exercício da ação humana ou função empresarial. É a economia em sua integralidade nas mãos e, sob o controle, do estado. Como consequência, todos os meios de produção passam a ser propriedade dele. Mas como tal asserção não seria muito popular, socialistas historicamente substituíram a palavra "estado", na frase acima, por "proletariado". É o mesmo truque de retórica usado para manter caras e corruptas empresas estatais sob controle de políticos. *A Petrobras é do povo brasileiro!(?)*

---

[13] DE SOTO, op. cit., p. 37

[14] Sujeita à desvalorização marginal decrescente.

[15] DE SOTO, op. cit., p. 69

Essa definição reflete com precisão a ideia de planejamento central de uma economia, considerada característica-mor do conceito de socialismo: o órgão responsável por essa função, nada mais faria senão agredir/restringir/controlar o livre exercício da ação humana com o fim de moldá-la ao projeto econômico traçado pelo estado. Independente de como esse planejamento foi construído e de como é administrado.

É de essencial importância ressaltar a indiferença quanto à forma com que o planejamento é elaborado: se por meio democrático ou não; se houve métodos diretos ou indiretos de participação pela população ou não. Independentemente da forma, haverá um plano (inicialmente econômico) a ser implementado sobre os indivíduos, o que necessariamente irá requerer que os mesmos se abstenham de condutas econômicas que outrora fariam.[16] Para que isso ocorra, o órgão planejador deve usar seu método de atuação para limitar a ação humana, então a agredindo. Considerando que o estado tão somente age através de uma ameaça ou coerção institucional, uma vez que os indivíduos não se submetem às suas resoluções de maneira voluntária, sem que haja a ameaça de retaliação por seu descumprimento, o socialismo acaba sendo definido como um sistema de agressão institucional à ação humana.

Esse sistema já possui em seu cerne um legítimo caráter coercitivo e agressor, ainda que às vezes praticado para "fins nobres".

Ainda que os órgãos diretores possam ser diferentes, em distintos períodos de tempo, sob variadas terminologias, a ideia essencial de controle sobre a ação humana (na perspectiva econômica apresentada acima) se mantém.

Esse comando é realizado necessariamente por uma coerção ou agressão dirigida pelo órgão planejador. Assim, para que a economia seja controlada pelo

---

[16] Condutas econômicas entendidas como qualquer ato de troca, produção, especulação, ou alocação de recursos.

estado, necessariamente este terá de usar de seu poder de agressão institucional para determinar como os cidadãos devem se comportar economicamente.

E como um verdadeiro estado, as formas de agressão serão as tradicionais e históricas: punições civis e criminais.

Esse fator se aplica independente do "grau" do socialismo. Caso se olhe para um sistema mais brando, o estado usará de seu aparato policial para, por exemplo, garantir o controle de preços e de lucros dos empresários, vide o exemplo argentino da Lei do Abastecimento no governo Cristina Kirchner em 2014, onde o governo impôs limites legais a determinados produtos.[17] Ou, do clássico exemplo brasileiro dos chamados "Fiscais do Sarney", em que cidadãos teriam uma obrigação moral de verificar se os "malvados empresários" não estariam subindo os preços dos bens e serviços para "sabotar o país" em disposição contrária ao determinado pelo governo do então Presidente José Sarney.

Caso se olhe para um sistema mais severo de socialismo, o estado continuará a usar seu aparato policial para determinar quem deve produzir, quanto, por quanto e para quem – situação em que a economia estaria definitivamente planificada, conforme explicitamente desejava Marx,[18] ainda que em sua escassez teórica.[19] Em ambos os casos, os únicos meios para que o estado imponha tal mecanismo de planejamento central é o mesmo: coerção e agressão sobre a ação humana.

---

[17] OLMOS, Marli. Argentina aprova reforma da lei que limita preços e margens de lucro. Valor Econômico. São Paulo. Disponível em <http://www.valor.com.br/internacional/3701816/argentina-aprova-reforma-da-lei-que-limita-precos-e-margens-de-lucro> Acesso em: 3 nov. 2014.

[18] Segundo Marx, o proletariado deve forçar coercivamente uma "coordenação" a partir de cima para acabar com as características típicas do capitalismo. DE SOTO, op. cit., p. 145.

[19] Marx nunca foi preciso em como seria o sistema econômico socialista (o que talvez explique um pouco sua militância pelo modelo), tendo algo mais vislumbrável em sua crítica ao programa de Ghota. Ver MARX, Karl. Critque of Gotha Programme. 1985.

Em suma, socialismo pode ser compreendido como "toda a coerção ou agressão sistemática e institucional que restringe o livre exercício da função empresarial em determinada área social e que é exercida por um órgão diretor."[20]

Esse será o conceito do fenômeno econômico que será analisado por esta obra.

---

[20] DE SOTO, op. Cit., p. 75

Capítulo 1.2

Distinguindo o socialismo em suas encarnações políticas

Considerando que nenhuma reforma econômica ou jurídica advém senão de um processo sociopolítico, e que muitas vezes é impossível dissociar as escolhas econômicas do padrão partidário erigido por um regime, sistema ou organização, este tópico se dedicará a delimitar os fenômenos históricos e atuais envolvidos que serão analisados pelas teorias posteriormente neste livro.

Socialismo Real ou das economias do tipo soviético

Talvez o estilo mais amplo e irrestrito de socialismo seja aquele institucionalizado por uma agressão generalizada à ação humana individual, praticamente aniquilando qualquer função empresarial em relação a bens econômicos e fatores de produção. Pela sua forma irrestrita, ele foi considerado por muito tempo como o socialismo mais puro ou o socialismo por excelência, sendo também conhecido como *socialismo real*.[21] Na história política do século XX, ficou conhecido como *comunismo*.[22]

---

[21] Ibid., p. 111

[22] Não confundir com a fase final do Sistema econômico humano na teoria da Karl Marx.

Historicamente essa corrente política de socialismo nasce com a União Soviética e decai (quase que) por completo ao fim da Guerra Fria.[23] Entre as agressões institucionais à ação humana, destacam-se o completo controle da economia pelo estado, que passou por "altos e baixos", e que incluíram o controle de preços e de todos os aspectos da economia, alocação deliberada de recursos e a coletivização dos meios de produção.

O exemplo Soviético é, sem dúvidas, o de maior relevância para este estudo, dada a profundidade econômica que o modelo inseriu. O controle geral da economia era organizado pela tríade composta pela *Gosplan*, comissão de planejamento estatal; *Gosbank*, banco estatal unificado e *Gossnab*, responsável pelo suprimento de recursos.

Em suma, jamais existiu outro sistema econômico mais próximo da especificação técnica socialista do que o soviético. Este exemplo é muito importante e será aqui estudado exaustivamente, uma vez que a União Soviética persistiu por um longo período de tempo, possuía ampla geografia para a produção de uma economia variada, moldou diferentes sociedades com origens muito distintas, e se estabeleceu como um polo de poder e força no mundo durante o século XX, com influência até os dias de hoje.

Socialismo Democrático ou Socialdemocracia

Considerada a corrente política de economia socialista mais popular atualmente, surgiu como uma separação tática do socialismo real, distinguindo-se deste por procurar alcançar os seus objetivos através da utilização dos mecanismos democráticos tradicionais que se formaram nos países ocidentais.[24]

---

[23] Com exceção do regime norte-coreano.
[24] Ibid., p. 111

Pode-se afirmar que a socialdemocracia nasceu em uma divisão ocorrida durante a Segunda Internacional Socialista, um congresso composto por partidos dessa vertente em Paris de 1889, caracterizada por desejar um avanço gradual e lento em direto ao socialismo, por influência da organização britânica *Sociedade Fabiana*.

Curiosamente, esta associação possui como símbolo uma tartaruga, simbolizando uma movimentação lenta e gradual em direção ao objetivo final de estabelecimento de uma sociedade socialista.[25]

Mais tardiamente, a socialdemocracia objetivou "socializar" os meios ou fatores de produção, colocando cada vez mais a ênfase na ideia de exercer a agressão sistemática e institucionalizada, sobretudo na área fiscal, com o desejo de equilibrar as "oportunidades" e os resultados do processo social.[26]

Uma visualização precisa dessa modificação histórica ocorreu em 1994, quando o tradicional *Labour Party* (Partido Trabalhista Britânico) elegeu Tony Blair como seu líder, que sob o manifesto chamado *New Labour*, alterou a Cláusula IV da Constituição de seu partido (*Labour Party Rule Book*) para não mais advogar pela estatização dos meios de produção, mas sim pela estratégia gradualista por trás da socialdemocracia, da seguinte forma:

> O Partido Trabalhista é um partido socialista democrático. Ele acredita que pela força do nosso esforço comum podemos alcançar mais do que nós conseguimos sozinhos, de modo a criar para cada um de nós os meios para realizar o nosso verdadeiro potencial e para todos nós uma comunidade em

---

[25] THOMSON, George. The Tindemans Report And The European Future. Disponível em: <http://aei.pitt.edu/10796/1/10796.pdf> Acesso em: 25 out. 2014.

[26] DE SOTO, op. cit., p. 112

que o poder, a riqueza e as oportunidades estão nas mãos de muitos, não de poucos, onde os direitos de que desfrutamos reflitam os deveres que nós possuímos, e onde nós vivemos juntos, livremente, em um espírito de solidariedade, tolerância e respeito.[27]

Considera-se que essa foi a única solução política para que o *Labour Party* voltasse ao poder depois dos 11 anos em que Thatcher promoveu profundas reformas liberalizantes na economia do Reino Unido, enterrando de vez a premissa de que a economia deveria ser planificada e controlada pelo estado, uma ideia vigente naquele país até a década de 70.

Contudo, a diferença entre o socialismo real e o socialismo democrático não é uma diferença categórica ou de classe, mas apenas uma distinção de grau.[28]

A agressão no modelo socialdemocrata está direcionada a variadas áreas, mas persiste de maneira forte e contundente no intervencionismo, regulação e coerção efetiva. Isso não impede – de forma alguma – que os problemas de descoordenação econômica e social que causam problemas humanitários e ciclos de estatização.

Hoje, os principais valores do discurso político transmitidos por essa corrente de socialismo centram-se na "redistribuição" de renda para um "melhor" funcionamento da "sociedade", como se esta fosse algo passível de manipulação, correção ou "limpeza de impurezas sociais".

---

[27] LABOUR PARTY, Labour Party Rule Book. Londres, 2013. Disponível em <http://labourlist.org/wp-content/uploads/2013/04/Rule-Book-2013.pdf> Acesso em: 21 out. 2014. (tradução nossa)

[28] DE SOTO, op. cit., p. 112

Essa apresentação estética chega ao cúmulo de mencionar que, por mais que o mercado entregue resultados mais eficazes e produtivos, não seria ético lhe delegar tais funções (sobretudo nas ideias do pensador norte-americano Michael J. Sandel).

Contudo, ainda que momentaneamente exercida de maneira democrática, a agressão à ação humana econômica persistirá.

Socialismo Conservador ou "de direita"

Pode ser considerado como socialismo conservador aquele que exerce sistematicamente a agressão institucional à ação humana, mas, em outros aspectos, visa manter o *status quo* socialmente vigente.

Escrevendo sobre o aspecto econômico do socialismo conservador, Hans Hermann-Hoppe expressa que nessa corrente política o programa interfere diretamente no consumo e nas trocas não comerciais, prejudicando o desenvolvimento dos talentos produtivos das pessoas.[29] Uma das principais características desse sistema socialista é o paternalismo, tentando manter inalterado o comportamento dos indivíduos, normalmente baseados em preceitos morais ou religiosos.[30] Nesse sentido, a agressão institucional econômica também é usada para os fins de controlar as condutas não-comerciais da sociedade.

O populismo latino-americano da primeira metade do século XX, principalmente com Vargas no Brasil e Perón na Argentina, está radicalmente inserido nesse conceito.

---

[29] HOPPE, Hans-Hermann. Uma teoria sobre o socialismo e o capitalismo. São Paulo: Instituto Ludwig von Mises Brasil, 2010. p. 92

[30] Ibid., p. 93

No Brasil, foi o governo Vargas que centralizou toda a legislação relevante do país na esfera federal, transformando a então federação em um estado unitário *de facto*. Foi a mesma administração que importou a legislação fascista italiana através da CLT, corpo de leis que estabeleceu no Brasil uma série de regulamentações, as quais há décadas geram consenso entre economistas quanto a suas consequências nefastas, que incluem distorções de oportunidades, aumento da desigualdade de renda[31] e engessamento da mobilidade social, mantendo o país na pobreza.

Aproxima-se desse conceito o chamado *socialismo militar*, em que "todas as instituições são concebidas com o fim de fazer guerra e em que a escala de valores para determinar o status social e o rendimento dos cidadãos se baseia, de forma exclusiva ou preferencial, na posição que cada um deles ocupa na relação com as forças armadas";[32] Os maiores exemplos desse modelo militar, sem dúvidas, foram Vietnam e Laos.

A batalha de um estado contra o outro é usada como motivo para transformar toda a sociedade em uma divisão do exército.

Também similar é o *socialismo corporativo* e o *agrário*, "que pretendem, respectivamente, organizar a sociedade com base numa estrutura hierárquica de especialistas, gerentes, capatazes, oficiais e trabalhadores ou dividir a terra pela força entre determinados grupos sociais. "[33]

---

[31] Vale a pena aqui mencionar as seis formas com que a Justiça do Trabalho no Brasil aumenta a desigualdade de renda: http://www.mises.org.br/Article.aspx?id=2492

[32] MISES, Ludwig von. Socialism: An economic and sociological analyses. Indianapolis: Liberty Press, 1981. p. 220

[33] Ibid., p. 229 – 232 passim.

Engenharia social ou socialismo cientista

O *socialismo cientista* pode ser considerado como aquele advindo da ideia de que uma casta de intelectuais da sociedade se sente excepcional o suficiente para tentar dirigi-la e conduzi-la economicamente. A legitimidade de tal grupo adviria de seu conhecimento "superior".[34]

A origem desse socialismo está na tradição intelectual do nacionalismo cartesiano ou do construtivismo, que acreditam que a razão do intelectual possui capacidade ilimitada, tendo criado e concebido todas as instituições sociais; e que, então, poderia modificá-las ou planificá-las conforme desejasse. A humanidade seria um objeto maleável.

Esse fenômeno em si não é visto como um sistema geral, mas sim como um subproduto presente em determinados regimes em que intelectuais, através de governos, tentam fazer uso de conhecimentos adquiridos no campo das ciências exatas, para então influir no comportamento social das massas.[35]

Talvez uma de suas mais curiosas descrições seria a proposta feita por um dos teóricos do chamado socialismo utópico, o francês Henri de Saint-Simon em 1803.[36] Dono de um imponente estilo de vida, ele preferia aprender através de jantares e banquetes com intelectuais, ao invés de estudar com leituras e pesquisas.[37]

---

[34] DE SOTO, op. cit., p. 115

[35] Um dos maiores críticos da engenharia social e da pretensão do conhecimento envolvido nesse sistema, é o economista norte-americano Thomas Sowell.

[36] HAYEK, F. A. The Counter-Revolution of Science. USA, Free Press. 1952, pp. 120-121

[37] Ibid.

De acordo com ele, o socialismo se daria através da criação do chamado *Conselho de Newton*,[38] que reuniria três matemáticos, três físicos, três químicos, três psicólogos, três literários, três pintores e três músicos. Esses 21 "iluminados", eleitos por toda a humanidade, seriam a representação de Deus na terra, organizando e comandando a humanidade a caminho de um mundo melhor. Mas eles não seriam de todo arrogantes, pois poderiam criar subconselhos, de forma a atender todo o planeta desesperado por suas orientações e conhecimento. Tudo isso teria sido revelado a Saint-Simon através de uma conversa que ele teria tido com – ninguém menos – que Deus. De fato, utópico.

Saint-Simon é até hoje uma referência para os intelectuais socialistas.

Socialismo Bolivariano ou Chavismo

Fenômeno tecnicamente novo, o *socialismo bolivariano* pode ser entendido como aquele que surgiu a partir do Partido Socialista Unido da Venezuela (PSUV), fundado após a vitória presidencial de Hugo Chávez, como uma união formal de várias das agremiações que o apoiaram no pleito, de uma forma centralizadora, parecida com o regime de partido-único de diversas nações socialistas, como Cuba e Coréia do Norte. As ideias e táticas desse movimento se espraiaram pela América Latina como um ideal, principalmente através do Foro de São Paulo, organização multinacional de partidos e organizações de extrema-esquerda da América do Sul, que inclui os brasileiros PT, PDT, PCdoB, PSB e PPS.

Ainda de difícil definição e delineamento intelectual, o socialismo bolivariano possui como referência o ex-presidente da Venezuela, Hugo Chávez Frías, encampado em uma chamada "revolução bolivariana".

---

[38] Como aponta Hayek, uma releitura exagerada do culto de Voltaire a Newton.

Também chamado de "socialismo do século XXI", algumas características que marcam esse fenômeno incluem uma "economia de valores" em *substituição* a uma de preços de mercado, blocos regionais de poder, teoria do valor-trabalho, reformulação constante, "democracia" direta, entre outras características.

No plano apriorístico, o socialismo bolivariano possuiria muitas das características de agressão institucional econômica semelhantes ao socialismo real, mas dotado de um discurso diferenciado em determinados segmentos. Marcado excessivamente pela linguagem regional, tal discurso quase remete ao socialismo de direita, forte na América do Sul durante a metade do século passado, especificamente em decorrência do caráter paternalista e populista presente no chavismo.

Características de adoções práticas desse sistema envolvem controle de preços,[39] restrição de lucros,[40] estatização de setores considerados de relevante importância,[41] controle "econômico" da mídia,[42] entre outras medidas.

---

[39] ELLSWORTH, Brian. Venezuela decrees new price controls to fight inflation. Reuters. Caracas, 2014. Disponível em <http://www.reuters.com/article/2014/01/24/us-venezuela-economy-idUSBREA0N1GL20140124> Acesso em: 21 out. 2014.

[40] STRANGE, Hannah. Nicolas Maduro steps up offensive against 'bourgeoisie' with profit limits. The Telegraph. Londres, 2014. Disponível em <http://www.telegraph.co.uk/news/worldnews/southamerica/venezuela/10468615/Nicolas-Maduro-steps-up-offensive-against-bourgeoisie-with-profit-limits.html> Acesso em: 20 out. 2014

[41] ROMERO, Simon. Venezuela plans to nationalize two industries – Americas – International Herald Tribune. The New York Times. Caracas, 2007. Disponível em <http://www.nytimes.com/2007/01/09/world/americas/09iht-venez.4147028.html?pagewanted=all&_r=0> Acesso em: 20 out. 2014

[42] In depth: Media in Venezuela. British Broadcast Company News. Londres: 2012. Disponível em: <http://www.bbc.com/news/world-latin-america-19368807> Acesso em: 20 out. 2014.

Nacional-socialismo ou Nazismo

O debate em relação à posição ideológica do nazismo é intenso em ambientes acadêmicos por todo o mundo, ainda que no Brasil não existam reais discussões em relação ao enquadramento desse fenômeno frente a um espectro maior.

Analisaremos brevemente a inserção do nazismo frente ao espectro econômico,[43] a fim de identificar semelhanças e diferenças entre a definição de socialismo apresentada no subcapítulo anterior.

O fundamento do argumento de que a Alemanha Nazista não era socialista é o fato de que a maioria das indústrias foi aparentemente deixada em mãos privadas. Contudo, a situação *de facto* não era essa, consoante denota Reisman:

> O que Mises identificou foi que a propriedade privada dos meios de produção existia apenas nominalmente sob o regime Nazista, e que o verdadeiro conteúdo da propriedade dos meios de produção residia no governo alemão. Pois era o governo alemão e não o proprietário privado nominal quem decidia o que deveria ser produzido, em qual quantidade, por quais métodos, e a quem seria distribuído, bem como quais preços seriam cobrados e quais salários seriam pagos, e quais

---

[43] Contudo, importa ressaltar que politicamente havia uma aproximação notória entre o socialismo ideológico em si, e o nacional-socialismo de Hitler. Conforme ponderou Hayek em O Caminho da Servidão, "Esquecemos também que, uma geração antes de o socialismo se tornar uma séria questão na Inglaterra, a Alemanha tinha um numeroso partido socialista no parlamento, e que, até data recente, o desenvolvimento da doutrina socialista ocorria quase inteiramente na Alemanha e na Áustria, de sorte que mesmo hoje os russos partem do ponto em que os alemães se detiveram." HAYEK, Friedrich A. O Caminho da Servidão. São Paulo: Instituto Ludwig von Mises Brasil, 2010

dividendos ou outras rendas seria permitido ao proprietário privado nominal receber. A posição do que se alega terem sido proprietários privados era reduzida essencialmente à função de pensionistas do governo, como Mises demonstrou.[44]

De forma sintética, a propriedade não poderia ser considerada à disposição dos indivíduos, pois nem mesmo eles próprios possuíam autonomia, ou seja, suas vidas particulares eram integralmente planejadas pelo estado, levando assim a um sistema decorrente de controle econômico, ainda que o governo não fosse o proprietário nominal dos meios de produção à época. Mises chamou esse tipo de socialismo de "*Hinderburg pattern*", no qual o cidadão tem os títulos dos meios de produção, mas o controle deles está sob determinação do estado através da burocracia.

Ou seja, na Alemanha de Hitler havia um sistema de socialismo que só diferia do sistema russo na medida em que ainda eram mantidos a terminologia e os rótulos do sistema de mercado. Ainda existiam "empresas privadas", como eram denominadas. Entretanto, o proprietário já não era um empresário; chamavam-no "gerente" ou "chefe" de negócios (*Betriebsführer*).[45]

Os requisitos necessários para a implementação efetiva do sistema de controle de salários e preços trazem à luz a natureza totalitária do socialismo, tanto na variante alemã ou nazista de socialismo, mas também no estilo soviético. Essa asserção é corroborada quando Hitler declarou em um dos seus discursos,

---

[44] REISMAN, George. Porque o nazismo era socialismo e porque o socialismo é totalitário. Instituto Ludwig von Mises Brasil. São Paulo: 2014. Disponível em <http://www.mises.org.br/Article.aspx?id=98> Acesso em: 14 out. 2014

[45] MISES, Ludwig von. As seis lições. Tradução de Maria Luiza Borges. 7ª ed. São Paulo: Instituto Ludwig von Mises Brasil, 2009.

em fevereiro de 1941, que "basicamente, nacional-socialismo, fascismo (italiano e japonês) e marxismo eram a mesma coisa".[46]

Apoiando-se na definição de Hayek, o economista norte-americano Sanford Ikeda menciona que a proximidade entre socialismo e fascismo está na característica comum entre ambos de que a organização do trabalho na sociedade está direcionada a um determinado fim, na medida em que a divergência entre os dois sistemas resume-se ao caráter almejado destes fins.[47] Ambos os fenômenos políticos acreditam na condução da sociedade de forma dirigida a um "bem maior" que o indivíduo. A ideia apresentada por Marx de que o ser humano que age sem ser dirigido pela sociedade é um "mônada egoísta", corrobora o lema de Mussolini de "tudo no estado, nada contra o estado, nada fora do estado". Caso se substitua a palavra "estado" por "sociedade" na frase do ditador italiano, ter-se-ia um slogan compatível e facilmente utilizável por qualquer movimento socialista hoje em dia.

De fato, o comunismo (marcado pelo regime de socialismo real) foi equiparado ao nazismo pelos países do leste europeu que o vivenciaram, através da Declaração de Praga, datada do ano de 2008.[48]

O fato que regimes desse naipe perseguiam "comunistas" não os faz menos socialistas. Apesar de a esquerda hoje repetir isso insistentemente, inclusive apontando para perseguições ocorridas sob o regime Vargas e sob a ditadura civil-militar brasileira pós-64, a perseguição de comunistas não era uma agressão à ideologia econômica dos mesmos, mas sim às posições políticas de alinhamento à

---

[46] The Bulletin of International News, Royal Institute of International Affairs, v. XVIII, n.º 5, p. 269 (apud HAYEK, op cit., 2010)

[47] IKEDA, Sanford. Dynamics of the Mixed Economy. Routledge, 1997. P. 33.

[48] DECLARAÇÃO DE PRAGA SOBRE CONSCIÊNCIA EUROPEIA E COMUNISMO. Adotada em 2008. Disponível em <http://www.praguedeclaration.eu/> Acesso em: 20 out. 2014.

União Soviética. Ser comunista não era partilhar de ideais economicamente socialistas, mas sim se engajar dentro do sistema revolucionário advogado à época pelo regime soviético. Ser comunista era *cool*.

Capítulo 1.3

A linha tênue entre o fenômeno econômico e político

Analisando as diferentes espécies de corrente política que aderem conceitualmente, em maior ou menor grau, ao socialismo, tem-se que o sistema econômico que será relacionado ao conceito de destruição dos direitos humanos assumiu diversos semblantes na história, e nem sempre existem laços efetivos que conectam diretamente um ao outro.

A definição mais científica de socialismo, conceito econômico uniformemente adotado no comunismo revolucionário, seria todo o sistema de agressão institucional ao livre exercício da função empresarial e ação humana.[49]

No plano estatal, a implementação dele necessariamente seguirá um dos dois modelos:

> (i) o modelo marxista, *ou russo*, que baseia toda a economia na burocracia, na medida em que todos passam a ser funcionários do estado, e a produção ocorre através de agências dirigidas pelo governo;

---

[49] DE SOTO, op. cit., p. 92

(ii) o modelo dirigista, *ou alemão*, conhecido também como "padrão de Hindenburgo" *(Hindenburg pattern)*, que mantém aparentemente todos os meios de produção sob propriedade dos indivíduos (*de jure private ownership*), mas que em realidade controla em totalidade a posse delas (*de facto state ownership*), fazendo com que o estado seja o proprietário *de facto* de toda a economia: os donos das empresas são pseudoempresários, na medida que o órgão diretor determina como e o que produzir, para quem vender, os preços a serem praticados, salários, condições, e todas as questões concernentes à economia.

Assim sendo, tais modelos, como visto nos fenômenos revolucionários aqui analisados, implicam na criação de um órgão diretor, sob diferentes nomes ou estruturas na história, com o intuito inicial de planejar a economia, mas que – ao fim e ao cabo – sempre acaba por controlar todos os aspectos da vida da pessoa, violando assim os conceitos de direitos humanos que se passa a analisar no próximo capítulo.

Socialismo foi a ideia de que se era possível desenhar um sistema completamente arranjado e coordenador a partir de um planejamento central. Hayek, em seu histórico discurso de aceitação ao Prêmio Nobel em 1974, nomeia essa arrogância de *a pretensão do conhecimento*.[50] Em uma alusão à clássica obra de Shakespeare, socialismo é o *sonho de uma noite de verão*.

---

[50] Friedrich August von Hayek – Prize Lecture: The Pretence of Knowledge". Nobelprize.org. Nobel Media AB 2014. Web. 13 Mar 2017

Capítulo II

~

Direitos humanos: origens e influência

Fato conhecido na academia que, durante um certo período, diversos países que experimentaram o fenômeno político socialista e que, de alguma maneira o vivenciam até hoje, se posicionaram a favor de uma visão de que os direitos humanos não eram nada além de uma "criação burguesa", composta em si de egoísmos e privilégios. Já no cenário político brasileiro, "direitos humanos" são usados para construir embates coletivistas, a despeito da noção histórica de que são essencialmente individuais e "negativos".

Ao analisarmos o *status* dessas normas, especialmente dos direitos humanos individuais (ou da chamada primeira geração ou dimensão), concluímos que a resistência formal às suas disposições foi quase totalmente derrubada. Atualmente o leste europeu, Cuba e a China têm demonstrado um avanço no reconhecimento desses direitos, especialmente após o final da Guerra Fria e a abertura de seus mercados, o que não é uma coincidência.

Logo, esta obra deve responder às seguintes questões: os direitos humanos foram resultado de políticas internacionais ou algo natural, evolutivo e inevitável? Qual a relação com o fenômeno do socialismo? E por que os direitos de primeira geração, individuais (vida, liberdades civis e políticas, etc.) conseguiram se sobrepor em efetividade aos de segunda, sociais (saúde, moradia, educação, etc.)? Essas controvérsias serão analisas respectivamente nos capítulos II, III e V desta obra.

Faz-se necessário clarificar a razão pela qual o corpo internacional de direitos humanos será o fator decisivo para se auferir um processo de autodestruição humana. E isso acontece por três razões.

Primeiramente, em decorrência da universalidade do corpo de legislação de direitos humanos sob o direito internacional. As provisões que constituem esse ordenamento são consideradas *customary international law* e, como consequência, são uníssonas, costumeiras e legalmente aceitas pela comunidade internacional.[51] Esse fator conduz à segunda razão: considerando o alto nível de aceitação desse corpo de direito pelo mundo, existe uma percepção de que os direitos humanos são naturais ao indivíduo (teorias jusnaturalistas) ou fruto da evolução espontânea da ordem moral (teoria hayekiana). Finalmente, a terceira razão está na base de formação e eficácia de suas previsões.[52]

Não se deve confundir o corpo internacional de direitos humanos com o que os órgãos das Nações Unidas atribuem como parte deles (UNHRC, UNHCR,

---

[51] North Sea Continental Shelf, Judgment, I.C.J. Reports 1969, pp. 3, 43, [74],

[52] SHAW, Malcolm. International Law. 6ª Ed. Londres: Cambridge University Press, 2008.

UNICEF, etc.). Isso se dá porque as referidas organizações atuam de forma positivista e centralizadora na elaboração de suas políticas e definições, muitas vezes sob forte interferência de governos e "intelectuais", motivo pelo qual as três razões explicadas no parágrafo anterior não podem também ser estendidas a esse tipo de definição de "direitos humanos".

Deve-se reconhecer que persiste a confusão teórica e o confronto cultural entre os diferentes conceitos (agora mascarado sob a ideia de que algumas garantias devem se sobrepor a outras), o que torna suas fontes obscuras, resultando em dificuldade na definição de direitos; ainda assim, a ideia por trás dos direitos humanos é, de fato, universal.[53]

---

[53] ENGLE, Eric. Universal Human Rights: A Generational History. 2006 Annual Survey of International & Comparative Law Golden Gate University School of Law. San Francisco: 2006.

Capítulo 2.1

A formação histórica e conceituação internacional dos direitos humanos

Como apresenta a renomada Max Planck Encyclopedia, "[d]ireitos humanos são definidos como os direitos dos indivíduos e dos grupos que são reconhecidos como tal em tratados e declarações internacionais, bem como pelo direito internacional consuetudinário". [54]

No primeiro grupo, estão os chamados direitos individuais, ou de *primeira geração*, marcados por uma concepção de direitos negativos – aqueles que exigem uma abstenção de ação coercitiva contra seus exercícios. Já na segunda categoria, direitos dos grupos (ou sociais), existe uma majoritária característica de direitos positivos, que demandam uma execução determinada de prestações para sua implementação, também conhecidos como direitos de *segunda geração*. Essa distinção é essencial.

Ainda que o conjunto atual dos direitos humanos sob o direito internacional aponte para a existência conjunta de ambas as gerações acima mencionadas, a história mostrou que isso nem sempre foi verdade. De fato, o surgimento do

---

[54] HUMAN RIGHTS. In: MAX PLANCK ENCYCLOPEDIA OF INTERNATIONAL LAW. Londres: Oxford University Press, 2014, tradução nossa)

fenômeno econômico aqui analisado exerceu direta influência nesse conflito, uma vez que trazia uma nova visão do que seriam os direitos humanos.

Contudo, para se analisar precisamente este fenômeno, deve-se fazer uma investigação geral de sua formação pela história.

Como assevera Paul Gordon Laurem, "ideias de justiça e direitos humanos possuem uma longa e rica história. Eles não se originaram exclusivamente em uma única região geográfica do mundo, um único país, um único século, uma única forma, ou mesmo uma única forma política de governo ou de sistema legal".[55]

Tal proposição confirma a ideia de universalidade do conceito de direitos humanos, relacionando-se inclusive com a proposição jusnatural de inerência e a faculdade humana de razão,[56] ou à ideia de evolução moral da sociedade, defendida por Hayek, que serão vistas no capítulo V.

As mais antigas das codificações que lembram o que hoje consideramos direitos humanos incluem os textos arcaicos do *Sumerian Code of Ur-Nammu* (2100–2050 AC), *codex of Lipit-Ishtar* (1930 AC), e o *Akkadian Laws of Eshnunna* (1770 AC).

Tais codificações foram seguidas pelo famoso Código de Hamurabi, que cobriu certos aspectos do que hoje chamaríamos de direitos humanos.[57] De fato, o Código apresentou um dos primeiros exemplos do direito à liberdade de expressão,

---

[55] SHELTON, Dinah. The Oxford Handbook of International Human Rights Law. ISBN 9780199640133 Londres: OUP Oxford, 2013, (tradução nossa)

[56] Especificamente no que se denota à filosofia jusnatural (tecnicamente objetivista) de Ayn Rand, e outros.

[57] SHELTON, op. cit., cap. II

presunção da inocência, direito de defesa e devido processo legal[58] – todos hoje considerados sobre a primeira geração de direitos humanos, com características individualistas e majoritariamente negativas. Foi nele que o princípio liberal de igualdade perante a lei, base do que viria a ser o *rule of law*, foi primeiramente visto, na medida que estabeleceu que algumas leis eram tão fundamentais que se aplicavam a todos, inclusive ao rei.

A lei de Moisés (*Mosaic Law*), que veio a ter especial influência nos antigos reinos da Judéia e Israel, os quais estavam desenvolvendo-se próximo ao Oriente Médio, também trazia características do que chamamos hoje de direitos humanos, especialmente entre 600 e 400 AC.[59] Algumas das previsões desses textos incluíam forte respeito à vida, liberdade e propriedade privada.[60] A ideia da relação recíproca entre direitos e responsabilidades, tão crucial no papel das relações jurídicas na teoria liberal, também já estava presente.

Entretanto, as origens do conceito não ficaram restritas tão somente à formação da sociedade ocidental. Traços de similar compreensão são encontrados na antiga China com a filosofia de Confucius (551-479 AC),[61] e na antiga Índia com o *Arthashastra* (~300 AC). O caráter é puramente global.

Na China, a formação veio através de um código de ética moral, e não através de regras jurídicas normativas. Kong Qiu (Confucius) advogou pela responsabilidade individual, defendendo a ideia de que os indivíduos não deveriam

---

[58] CODE OF HAMMURABI. The Avalon Project. Disponível em: <http://avalon.law.yale.edu/ancient/hamframe.asp> Acesso em: 14 set. 2014

[59] SHELTON, op. cit., cap. II

[60] Milton R Konvitz (ed), Judaism and Human Rights (2nd edn, Transaction 2001); Rabbis for Human Rights, 'Home' <http://rhr.org.il/eng/> accessed 14 February 2013.

[61] Nome real Kong Qiu, estima-se que viveu na região hoje conhecida como China entre 551–479 AC. SHELTON, op. cit., cap. II

causar danos uns aos outros, algo próximo ao conhecido princípio liberal da não-
-agressão (PNA). Séculos depois, o filósofo Meng Zi (372-289 AC) declarou que
"o indivíduo é de valor infinito, as instituições e convenções vem depois dele, e os
governantes são, entre todos, os de menos significância."[62] Estudantes chineses re-
citavam essa frase em 1989 durante o massacre da Praça da Paz Celestial.[63] A ideia
de que o ser humano antecedia a construção social, conforme a filosofia de direitos
liberal advoga, já estava presente no extremo oriente. Xunzi (312-230 AC) evoluiu
a filosofia, mencionando que "nada é efetivo sem um claro reconhecimento dos
direitos individuais".[64]

No surgimento da cultura jurídica greco-romana, que orientou a formação
dos dois grandes sistemas legais existentes atualmente (*civil law* e *common law*), a
concepção dos direitos humanos ancorados no jusnaturalismo emerge na Grécia
Antiga, desde Platão,[65] sendo reforçada por Aristóteles, que arguiu pela importância da lei positivada (feita através do estado) moldar-se aos direitos naturais.[66]

O Direito Romano manteve essa visão, como denotado pelo filósofo e jus-
doutrinador Marcus Tullius Cicero por volta de 46 AC,[67] que reconheceu que a
lei e a justiça antecedem o estado, especialmente no sentido do respeito entre os
indivíduos. Em sua obra *On Duties*, ele defendia que a lei natural possuía direitos e
obrigações para todos os indivíduos, o que foi tornado real através do *jus gentium*
romano: um conjunto de leis que reconhecia a existência de direitos universais

---

[62] The Evolution of Human Rights' United Nations Weekly Bulletin (12 August 1946)

[63] SHELTON, op. cit, cap. II, footnote no. 24

[64] UNESCO, The Birthright of Man (UNESCO 1969) 303

[65] PLATO. The Laws (2013, apud SHELTON, op. cit., cap. II).

[66] SHELTON, op. cit., cap. II

[67] CICERO, Marcus Tullius. The Republic and The Laws. Londres: OUP, 1998. (2013, apud SHELTON, op. cit., cap. II).

aplicados a todos os seres humanos, independente de nacionalidade, um conceito fortemente valorado à época.

O período Medieval, sobretudo na antiga Britânia, é marcado pela Magna Carta, que demandou a supremacia do *"rule of law"* sobre o direito do soberano monarca, abrindo caminho para os avanços ocorridos na Idade Moderna através da delineação de algo mais próximo ao sistema que visualizamos hoje. Apesar da expressão *rule of law* ser historicamente traduzida ao português como "estado de direito", deve-se compreender seu significado como um oposto à frase *"rule of the king"*. Em outras palavras, o conceito significa que a ordem legal não mais viria do rei, mas sim do direito, que antecederia sua dinastia, o estado e a sociedade. Nas palavras de Hayek (1972), seria a ideia de que o governo e todas as suas ações estão sob regras definidas e anunciadas de antemão.

Tais ideias se aprofundaram intensamente no Iluminismo, inclusive com Hugo Grotius, considerado o "pai do moderno direito internacional". De forma surpreendente, exatamente na mesma época, Huang Zongxi professava ideias similares na China.[68]

É a partir desse período que diferentes filosofias começaram a se formar – e se fortaleceram junto ao conceito atual que temos de "direitos humanos".

Em seguida, analisaremos como o liberalismo vislumbrou a formação desse conceito, e então como o socialismo o aferiu, para finalmente entender a comunicabilidade histórica entre esses dois fenômenos e como eles se fundem no contexto atual.

---

[68] STRUVE, Lynn. Huang Zongxi in Context: A Reappraisal of His Major Writings. Journal of Asian Studies, 1998. (2013, apud SHELTON, op. cit., cap. II).

Capítulo 2.2

O legado liberal aos direitos humanos: a geração individual, negativa e objetiva

No que concerne ao aspecto histórico, o capitalismo é o responsável pela emergência e solidificação dos direitos humanos individuais,[69] pois "na Europa, o declínio do feudalismo, com sua rígida hierarquia e economia monopolista, por exemplo, gradualmente abriu caminho para a ascensão dos livres mercados do capitalismo e uma classe média, fortalecendo, assim, o conceito de direito individual à propriedade privada. Este, por sua vez, levou ao desejo de transformar os direitos econômicos pessoais em direitos políticos e civis mais amplos".[70]

Sem dúvidas o principal teórico jurídico da corrente liberal foi o filósofo John Locke, que argumentou em favor da liberdade de religião e consciência, e que em sua clássica obra, *Second Treatise of Government*, datada de 1690, lançou as bases fundamentais da teoria hoje vigente:

---

[69] Importante ressaltar que autores marxistas consideraram os direitos humanos no surgimento indicado acima como uma "arma de Guerra ideológica a serviço de uma classe social". Ver mais em MORANGE, Jean. Direitos Humanos e Liberdades Públicas. 5º Ed. Barueri – SP: Manole, 2004. p. 3

[70] SHELTON, op. cit., cap. II, tradução nossa

> A título de perfeita liberdade e gozo incontrolado de todos os direitos e privilégios da lei da natureza igualmente com qualquer outro homem ou grupo de homens em todo o mundo e tem, por natureza, um poder não apenas para preservar sua propriedade – isto é a vida, a liberdade e a propriedade – contra as lesões e as tentativas de outros homens, mas para julgar e punir as violações daquele direito em outros.[71]

A Inglaterra era o terreno fértil para a solidificação desses direitos, dado o seu empirismo[72] e a existência de textos como a Magna Carta de 1215, a Petição de Direitos de 1627, o Ato de Direitos de 1668 e o Ato de Sucessão de 1701. Contudo, a codificação mais notável dos direitos humanos liberais veio através da *Bill of Rights* (traduzida às vezes como Carta dos Direitos): as dez primeiras emendas à Constituição Norte-Americana.[73]

Mas ainda é visível como esse sistema foi muito mais fruto de uma evolução social do que do design humano. Talvez uma das razões pela qual o solo britânico tenha sido a raiz fundamental da disseminação da concepção liberal de direitos humanos na era moderna seja em razão dos resultados que o mesmo trouxe à sociedade da época. Como Hayek afirma, somente depois que foi descoberto que o aumento de liberdade individual experimentado no século XVIII produziu uma prosperidade material sem precedentes na história da humanidade, que tentativas de se desenvolver uma teoria por trás de tal sistema começaram a surgir.[74]

---

[71] LOCKE, 1821, tradução nossa

[72] MORANGE, op. cit., p. 04.

[73] Lamentavelmente o conceito de indivíduo não foi estendido à toda a população, e a escravidão continuou vigente até a Guerra Civil de 1861.

[74] HAYEK. F. A. The Principles of a Liberal Social Order. p. 602

Entretanto, ainda que antiga, a essência dos direitos humanos sob o cunho liberal persiste até os dias de hoje: a noção de que esses direitos são naturais (ou objetivos),[75] podendo ser gozados exclusivamente por indivíduos, tendo como base a vida, a liberdade e a propriedade.

Na positivação das dez primeiras emendas à Constituição Americana, esses direitos foram implementados na oposição de determinadas garantias contra o estado, na forma de liberdade de religião, de expressão e de imprensa, direito de petição e associação pacífica, proteção contra indevidas procuras e apreensões, contra penas cruéis, devido processo legal e igualdade perante a lei, direito a um julgamento rápido e público, entre outros.

Esses direitos foram repetidos sob o manto da Declaração dos Direitos do Homem e do Cidadão,[76] resultado da Revolução Francesa, e datado também de 1789,[77] que notadamente abraçou o individualismo, apenas o indivíduo era titular de direitos,[78] merecendo atenção a crítica de Edmund Burke sobre a eficácia e moral do fenômeno francês por completo.

---

[75] Na visão da filósofa Ayn Rand.

[76] Para Jean Morange, a declaração francesa era "apenas uma cópia desses precedentes, sem originalidade nem no fundo nem na forma." MORANGE, op. cit., p. 08.

[77] ROYAUME DE FRANCE. Déclaration des droits de l'homme et du citoyen de 1789. Disponível em <http://www.conseil-constitutionnel.fr/conseil-constitutionnel/francais/la-constitution/la-constitution-du-4-octobre-1958/declaration-des-droits-de-l-homme-et-du-citoyen-de-1789.5076.html> Acesso em 12 set. 2014.

[78] Nenhum grupo é mencionado na declaração, com exceção da Nação detentora da soberania. Comunas ou paróquias, regiões ou províncias, corporações ou organismos profissionais não são mencionados. Não é feita nenhuma alusão à família, e os direitos de reunião ou de associação não são reconhecidos.

Logo, surge assim a ideia por trás do princípio da não-agressão, presente no clássico documento francês de 1790, ao reconhecer que a liberdade individual vai até o limite d'alheia.[79]

Mais do que isso, a concepção jusnatural de direitos individuais tem sido assim recepcionada pela jurisprudência internacional. Isso foi notado fortemente no pós-Segunda Guerra, ao reconhecer que alguns princípios eram tão universais que seriam auto evidentes, podendo então ser executados independente da regra *nulle crime sine lege* ("não há crime sem lei") no âmbito penal, por exemplo. Não se fazia necessário que fosse proibido o assassinato de judeus nos campos de concentração nazistas, uma vez que o direito deles à vida não dependia do estado, não sendo uma concessão do resto da sociedade.

A partir desse padrão não se é muito difícil vislumbrar a construção do conceito dos chamados direitos humanos de primeira geração, normalmente relacionados ao Pacto de Direitos Civis e Políticos de 1966 (em inglês *International Covenant on Civil and Political Rights*, doravante denominado simplesmente "ICCPR") – considerado a primeira parte da versão vinculante da Declaração Universal dos Direitos Humanos.

De fato, os direitos acima mencionados foram codificados preservando a noção de individualismo, uma vez que se aplicam ao indivíduo, conforme

---

[79] Ver ROYAUME DE FRANCE. Déclaration des droits de l'homme et du citoyen de 1789. Disponível em <http://www.conseil-constitutionnel.fr/conseil-constitutionnel/francais/la-constitution/la-constitution-du-4-octobre-1958/declaration-des-droits-de-l-homme-et-du-citoyen-de-1789.5076.html> Acesso em 12 set. 2014.

determinado por seu próprio preâmbulo;[80] negativos, uma vez que demandam em gênese uma conduta de abstenção; e objetivos, uma vez que não estão (em tese) sujeitos a critérios subjetivos em sua aplicação, sendo então universais.[81]

Eis o legado humanitário do liberalismo.

---

[80] "*Realizing that the individual, having duties to other individuals and to the community to which he belongs, is under a responsibility to strive for the promotion and observance of the rights recognized in the present Covenant.*" – ORGANIZAÇÃO DAS NAÇÕES UNIDAS. Pacto International dos Direitos Civis e Políticos. International Covenant on Civil and Political Rights. Disponível em: <http://www.ohchr.org/en/professionalinterest/pages/ccpr.aspx> Acesso em: 29 set. 2014

[81] Interessante notar como a questão de objetividade racional dos direitos se relaciona com o conceito de que os mesmos são naturais. Essa conexão é feita pela filósofa Ayn Rand, mas a percepção jusnaturalista, obviamente, esteve presente desde as primeiras construções jurídicas.

Capítulo 2.3

O LEGADO SOCIALISTA AOS DIRETOS HUMANOS: A GERAÇÃO SOCIAL, POSITIVA E SUBJETIVA

Neste subcapítulo analisar-se-á como a ramificação teórica que deu suporte à ideologia socialista vislumbrou a concepção, conceituação, delimitação e efetividade dos direitos humanos, conforme concebidos internacionalmente.

Essa percepção se relaciona diretamente com a análise de que eles não seriam universais; tanto porque não existiriam valores universais (visão pós-modernista), ou porque representariam tão somente os ocidentais e burgueses (visão de relativismo cultural). Logo, podem ser relativizados, cessados ou extintos quando cabível.

Esses pensamentos ignoram as bases liberais de Aristóteles e Locke, que reconheciam a existência de uma moral objetiva antecessora ao estado. Essas bases se diferenciam um pouco da corrente atualmente herdeira do pensamento liberal clássico, tecnicamente denominada de *libertária*.[82] Posner, por exemplo,

---

[82] Um dos expoentes libertários mais influentes hoje, Murray N. Rothbard, é um árduo defensor do jusnaturalismo e traça toda sua filosofia jurídica baseada na ideia de autopropriedade.

acredita que não existem valores morais, mas tão somente *moralidade de mercado*.[83] Já Hayek defende a ideia de que através da ordem espontânea, a humanidade vai descobrindo a moralidade em um processo evolutivo. Mises arguiu no mesmo sentido, ao expressar que "o direito não surgiu na humanidade como algo perfeito e completo. Por milhares de anos ele evoluiu e ainda está evoluindo".[84]

Ainda que diferentes visões liberais neguem a universalidade desse conceito, elas reconhecem sua objetividade, ou seja, que eles se aplicam a todos os indivíduos do mundo independente de sexo, etnia, raça, religião, etc. Nesse sentido, um fato é indiscutível: seres humanos saudáveis e racionais buscam uma boa vida em sociedade, e isso genuinamente é um arquétipo universal.

A racionalidade é a base da universalidade que se encontra na moral objetiva liberal, denotado nas palavras de Eric Engle:

> "Racionalidade é precisamente a base justificante dos direitos fundamentais. Os seres humanos têm direitos por serem seres racionais e porque as estruturas de direitos permitem a racionalidade para ser implantado na prática, não apenas para sobreviver, mas também para alcançar a boa vida de paz, felicidade e discurso social."[85]

Igualmente, ainda que ninguém tenha desafiado a ideia de direitos humanos como referência da modernidade, persistiram divergências em seu real

---

[83] Ver mais em POSNER, Richard. The Economics Of Justice. Boston: Harvard, 1981.

[84] MISES, Ludwig von Mises. Socialism. P. 46

[85] (Tradução nossa) – ENGLE, Eric. Universal Human Rights: A Generational History. 2006 Annual Survey of International & Comparative Law Golden Gate University School of Law. San Francisco: 2006.

significado, originadas sobretudo durante o coração do Iluminismo, mesmo antes da Revolução Francesa, quando surge intelectualmente o socialismo.

Rousseau (às vezes ironicamente chamado de "o primeiro marxista da história") advogou de maneira pioneira a noção de que *igualdade*[86] era uma oposição à visão de Locke quanto vida, liberdade e propriedade. Nesse sentido, o questionamento de Marx sobre os direitos do homem eram, em si, um consequente prosseguimento dessa distinção.[87]

Seguindo a tradição teórica nomeada acima, países comunistas compartilharam a visão de Marx no sentido de que direitos civis e políticos eram, em realidade, "burgueses", e sempre buscaram visões econômicas e sociais como preferência em detrimento do que chamavam de "liberdades formais".[88]

É notável que durante a Conferência Mundial de Direitos Humanos de 1993, na dissolução dos escombros da Guerra Fria, um grupo de países expressou suas reservas em relação à universalidade da validade dos direitos humanos estabelecidos, expressando que eles representam tão somente valores ocidentais, que seriam imposições ao resto do mundo, buscando uma dominação imperialista em escala global.[89]

A seguir, veremos como a raiz jurídica do socialismo contemplou o conceito de direitos humanos respectivamente no plano teórico, positivado e factual.

---

[86] Na visão de Rousseau.

[87] ALVES, Lindgren. Commemorative Essay: On The 50th Anniversary Of The Universal Declaration Of Human Rights: The United Nations, Postmodernity, and Human Rights. University of San Francisco School of Law Review. 32 U.S.F. L. Rev. 479, 1998.

[88] Ibid.

[89] ALVES, Lindgren. Commemorative Essay: On The 50th Anniversary Of The Universal Declaration Of Human Rights: The United Nations, Postmodernity, and Human Rights. University of San Francisco School of Law Review. 32 U.S.F. L. Rev. 479, 1998.

A PERCEPÇÃO TEÓRICA DOS DIREITOS HUMANOS PELO FENÔMENO SOCIALISTA

Para vislumbrar qual era a percepção teórica acerca de direitos humanos, faremos uma breve análise do pensamento da base fundamental do socialismo e como isso explica, direta e indiretamente, o assunto.

O maior expoente da difusão dos valores econômicos e políticos do socialismo foi a figura do teórico alemão Karl Marx. Entre as obras que abordaram a temática marxista de sociedade encontram-se "Sobre a Questão Judaica" (como base filosófica), "O Manifesto Comunista" (política) e "O Capital" (economia).

A obra "Sobre a Questão Judaica", escrita em 1843 e publicada em 1844, é de especial relevância uma vez que o autor faz uma reflexão acerca da situação dos judeus na Prússia, sedimentando então a concepção de materialismo histórico.

Especificamente, encontra-se neste livro a visão teórica de direitos dos homens pela perspectiva marxista, a qual se assemelha com sua evolução posterior no plano internacional até os dias atuais, não se mantendo restrita à visão da época tida por Marx, mas – em realidade – se expandindo em um corpo bem definido que chegaria ao cume positivado pelas constituições da União Soviética.

Marx acreditava que o indivíduo era somente uma peça da sociedade e que atribuir-lhe direitos era egoísmo:

> Nenhum dos chamados "direitos do homem" vai além do homem egoísta, o homem como ele é na sociedade civil, ou seja, um indivíduo se esquivando por trás de seus interesses privados e caprichos, separado da comunidade.[90]

---

[90] MARX, op. cit.

Marx explicitamente rejeitou inteiramente a visão de "direitos" trazida pelo Iluminismo. Isso se aplicou para as noções de igualdade, liberdade, segurança e propriedade da Declaração dos Direitos do Homem, e suas mesmas articulações na Declaração de Independência Americana. Ele observou que estes documentos viam o indivíduo como um "autossuficiente mônada", dos quais os direitos tão somente concerniriam a perseguição de seus interesses egoístas, com a segurança de garantir o alegado "egoísmo".[91]

Nesse sentido, pesquisadores atuais afirmam que a teoria marxista de direitos humanos afere que "direitos de sobrevivência", como comida e moradia, possuem um "valor maior" em relação a direitos liberais clássicos, como o direito de propriedade ou liberdade, por exemplo.[92]

Na referida obra, Karl Marx faz uma análise que se aplicaria restritivamente aos judeus, mas da qual se pode averiguar a existência de axiomas que são coerentemente deduzidos em suas impressões a respeito do direito em situações mais amplas, inclusive levando a formação de uma visão filosófica do que seriam direitos.

Arguindo pela incompatibilidade entre os judeus e o estado cristão, Marx aponta que, o que entendemos hoje como liberdade de religião, seria um privilégio sobre os demais, desencadeando seu raciocínio finalmente em um pensamento antirreligioso e marcado por uma solução explícita através da abolição da religião. Em outras palavras, a individualidade não possui direito para ser expressada, tendo o indivíduo que estar sujeito somente à orientação da sociedade em si.

O axioma que pode ser extraído aqui é o caráter coletivista que prossegue e se mantém majoritariamente em sua obra e que traria ao mundo, algumas décadas

---

[91] GORDON, Joy. The Concept Of Human Rights: The History And Meaning Of Its Politicization. Brooklyn Journal of International Law. 23 Brooklyn J. Int'l L. 689. 1998, (tradução nossa).

[92] ENGLE, op. cit., dev.

depois, a consolidação dos chamados direitos sociais (ou direitos de grupos). Ou seja, indivíduos não possuem direitos. Grupos (e classes) sim.

Ele rejeita a ideia de direitos como algo natural, afirmando que isso não seria inato ao homem, mas sim uma conquista na "luta contra as tradições históricas em que o homem, até agora, foi educado".[93] Daí advém a expressão "conquistar direitos", tão utilizada por sindicalistas e políticos de esquerda atualmente.

Os recipientes desses direitos seriam, para o autor, tão somente aqueles que teriam lutado e então merecido. Este ponto em específico denota a subjetividade dos direitos para Marx, uma vez que eles têm sua existência atrelada ao sujeito detentor (recipiente) dos direitos de acordo com o mérito político deles frente à sociedade, personificada no estado, não sendo um fundamento objetivo universal (que se aplicaria a todos igualmente, como defende a visão liberal).

Ao analisar os direitos à igualdade, à liberdade, à segurança e à propriedade, presentes na Constituição Francesa de 1793, Marx afirma que tais presunções seriam egoístas, com objetivo de separar os homens da sociedade. De fato, ao analisar o conceito de liberdade negativa,[94] ele afirma que isso seria tão somente da liberdade do homem enquanto mônada isolado, retirado para o interior de si mesmo. Nesse sentido, o autor avança ao notar que o natural desfecho desse conceito é a propriedade privada, o qual ele rejeita expressamente. Para Marx, direitos humanos eram basicamente proteção à propriedade privada, começando pelo próprio corpo do indivíduo.

Analisando sob outra perspectiva, o francês Jean Morange descreve que os direitos foram vistos por Marx em duas fases. Na primeira, *socialismo*, sob a

---

[93] MARX, Karl. Sobre a Questão Judaica. São Paulo: Boitempo, 2010

[94] Aqui entendido como "A liberdade é o poder que o homem tem de fazer tudo o que não prejudique os direitos dos outros.", ou segundo a Declaração dos Direitos do Homem de 1791: «A liberdade consiste em poder fazer tudo o que não prejudique outrem.»

ditadura do proletariado, o direito permaneceria em seu teor, como todo direito: um direito de desigualdade. Na segunda fase, *comunismo*,[95] o homem estaria apto a coincidir com seu ser genérico, cada um conforme suas necessidades.[96] Trata-se da completa dissolução da individualidade humana em prol de um planejamento coletivista e centralizador.

Em si, o homem não poderia ser separado da sociedade, e logo – deduz-se – não poderiam os direitos tê-lo como recipiente, sob pena de incorrer em egoísmo, razão pela qual a concepção marxista de direitos é de caráter coletivista.

Marx usa o termo "emancipação" em referência sempre a um grupo,[97] delimitando e atribuindo características que coletivizam indivíduos sob um mesmo arranjo.

Uma outra referência do que seria a filosofia de direitos dentro do socialismo é apresentada em 1886 por Anton Menger.[98] De acordo com este contemporâneo de Marx, o socialismo acredita somente em três direitos básicos: (i) o direito à produção máxima de trabalho; (ii) o direito a existir; e (iii) o direito a trabalhar.[99] Impossível não entender essa tríade como radicalmente oposta à visão liberal de vida, liberdade e propriedade.

A primeira diferença entre ambas essas perspectivas é a ausência de um conceito material ou pré-determinado na tríade liberal. Ao respeitar a vida,

---

[95] Não confundir com o fenômeno politico do século XX, também identificado como comunismo, com início na Revolução Russa de 1917.

[96] MORANGE, op. cit., p. 45

[97] Notável a diferença com a metodologia liberal nas ciências sociais, segundo a qual somente indivíduos agem.

[98] Ironicamente, irmão do fundador da Escola Austríaca, Carl Menger.

[99] MENGER, Anton. Das Recht auf den vollen Arbeitsertrag in geschichtlicher Darstellung. Stuttgart und Berlin. 4 ed. Berlim: 1910.

liberdade e propriedade, a perspectiva está em si permitindo ao próprio indivíduo que o mesmo assuma a valoração do que acredita ser relevante para si, sendo os direitos um instrumento para isso (perseguição da felicidade). Se o trabalho lhe é importante, ele usará seu direito à liberdade para assim agir. Já na tríade socialista, os três "direitos" estabelecidos já possuem forte carga determinista, estando ancorados na ideia de que existe uma preconcepção não opcional dos valores a serem seguidos pelas pessoas, baseado na ideia de uma sociedade que focará em produção e trabalho, bem no caráter vigente no século XIX. Impossível não visualizar como essa visão seria "antiprogressista", no sentido de engessar as instituições e fenômenos sociais a um molde específico daquele tempo. Talvez seja por isso que políticos socialistas se alinham a *keynesianos* para aprovar leis que "protejam o operário", proibindo coisas como caixa eletrônico de bancos, como o infame projeto de lei proposto por Aldo Rebelo, ex-Ministro brasileiro de Ciência e Tecnologia, que visava proibir toda a adoção de "qualquer inovação tecnológica que seja poupadora de mão-de-obra (...)".[100]

Analisando dois dos direitos da tríade apresentada por Anton Menger, o *direito à produção máxima de trabalho* e o *direito a trabalhar*, como a história demonstrou incontroversamente no século seguinte, nada mais são do que conceituações de obrigações impostas aos cidadãos, no sentido de que eles devem seguir os planos definidos pelo estado em consonância com o determinado pelos órgãos de planejamento.

O direito de existência da tríade socialista jamais pode ser confundido com o direito à vida da perspectiva liberal. O significado específico dessa postulação é que o direito de existência significa que "cada membro da sociedade pode demandar os bens e serviços necessários para sua existência em conformidade com o que for disponibilizado a ele [pelo órgão planejador], de acordo com a disponibilidade

---

[100] Projeto de Lei no. 4.502/94 da Câmara dos Deputados da República Federativa do Brasil.

deles".[101] Forma-se aí a base filosófica e conceitual do que viriam a ser os chamados direitos sociais na história contemporânea.

Em resumo:

Tríade Liberal	Tríade Socialista
Por John Locke	*Por Anton Menger*
Vida	Produção Máxima
Liberdade	Existência
Propriedade	Trabalho

É assustador como a tríade socialista de direitos humanos evoluiu de forma tão influente a ponto de ter sido o referencial teórico dos principais textos constitucionais socialistas do século XX, tendo alcançado instrumentos de alto valor normativo ao redor do mundo.

Curioso imaginar que a ideia, que os socialistas de hoje advogam, de que determinados serviços como saúde e educação devam ser direitos a fim de que todos tenham acesso, é uma contradição lógica com a filosofia que os originou. Ao descrever cada um dos componentes da tríade, Anton Menger assevera que o direito de existência, e suas prestações sociais, somente deveriam ser concedidos conforme disponibilidade e em ordem de prioridade estabelecida pelo estado. Pelo menos ele conseguia esboçar a compreensão do princípio (fundamental das ciências econômicas) da escassez, que infelizmente os socialistas contemporâneos insistem em ignorar.

Eis a diferença fundamental entre a perspectiva socialista e a visão liberal clássica de direitos humanos.

---

[101] Ibid

A POSITIVAÇÃO DOS DIREITOS HUMANOS PELO SOCIALISMO

É importante distinguir aqui a diferença entre a positivação dos direitos humanos conforme a filosofia socialista, daquela ocorrida pelo fenômeno propriamente político socialista.

A primeira se refere ao que vieram a ser conhecidos como direitos sociais. Os primeiros instrumentos de destaque que os contemplaram foram a Constituição Mexicana de 1917, a Constituição Russa de 1918 e a Constituição de Weimar (alemã) de 1919, "garantindo" certas prestações como educação, saúde e moradia. No Brasil, a Constituição Federal de 1988 estabelece os direitos a educação, a saúde, a alimentação, o trabalho, a moradia, o transporte, o lazer, a segurança, a previdência social, a proteção à maternidade e à infância, e a assistência aos desamparados.

Nos EUA, Franklin Delano Roosevelt, o mesmo presidente americano que tentou destruir a Suprema Corte em 1937[102] e estabeleceu campos de concentração para nipo-americanos,[103] tentou sem sucesso algo similar, quando em 1941 decidiu reestruturar completamente a concepção de direitos vigentes dentro da tradição constitucional clássica dos EUA. Ele apresentou o que chamou de "Quatro Liberdades" (Four Freedoms), sendo elas liberdade de discurso, liberdade de culto, liberdade contra querer e liberdade contra temer. As duas últimas representavam maneiras de inserir os direitos sociais como "liberdades" à população norte--americana, os quais até hoje não são considerados como garantias (*rights*) pelo sistema jurídico e político norte-americano, sendo chamados – quando aplicáveis – de apropriações (*entitlements*).

---

[102] No que ficou conhecido como *Court-Packing Plan*.

[103] The War Relocation Authority and The Incarceration of Japanese Americans During World War II: 1948 Chronology, Web page at www.trumanlibrary.org. Acessado em September 11, 2006.

Já para se vislumbrar a forma como ocorreu a positivação dos direitos humanos pelos regimes socialistas, será realizada neste tópico uma breve análise das Constituições da União Soviética, que levaram à codificação dos grandes tratados vinculantes sobre o assunto e moldaram o documento internacional que virou referência para essa dimensão/geração de direitos.[104]

A União Soviética, durante sua existência, possuiu três Constituições, datadas respectivamente de 1924, 1936 e 1977. De acordo com o pesquisador francês Jean Morange, as concepções de direitos nas mesmas foram concebidas como orientados, não tendo (de forma alguma) objetivo de permitir a cada um levar sua vida segundo o que lhe dita a sua consciência,[105] mas sim favorecer sua participação na sociedade de economia socialista.[106] O objetivo delas era fazer com que a individualidade humana fosse suprimida em prol de um bem maior, de forma muito semelhante ao discurso nazista.

A Constituição Soviética de 1924 não trazia nenhuma menção aos direitos aplicáveis à sua população, limitando-se a usar o termo para denominar alguns dos direitos de que usufruíam as repúblicas que formaram a sua união.[107] Literalmente os únicos detentores de direitos à época eram os estados.

Erigida 12 anos mais tarde, a Constituição da União Soviética de 1936 (também conhecida como "a Constituição de Stalin"), ao contrário de sua antecessora,

---

[104] Refere-se aqui ao *Internacional Covenant on Economic, Social and Cultural Rights*.

[105] MORANGE, op. cit., p. 46

[106] MORANGE, op. cit., p. 46

[107] UNIÃO DAS REPÚBLICAS SOCIALISTAS SOVIÉTICAS. Constituição da União Soviética de 1924. Traduzida para o Inglês. Disponível em <http://www.answers.com/topic/1924-constitution-of-the-ussr> Acesso em: 17 de out. 2014

ganhou um capítulo específico para tratar da questão de direitos e deveres fundamentais dos cidadãos.[108]

Inaugurado pelo artigo 118, o Capítulo X da referida Constituição protegia o direito ao trabalho; a um salário estabelecido de acordo a quantidade e qualidade do mesmo; direito ao descanso, estabelecido desde já no texto constitucional através de políticas sociais como férias, atividades de lazer, clubes, etc.; direito (próximo ao que hoje entendemos como) à seguridade social;[109] direito à educação; direito à igualdade de direitos concernentes às esferas econômicas, estatais, culturais, sociais e políticas; separação entre estado e igreja, e liberdade de religião; direito à liberdade de expressão, imprensa, associação e protestos somente poderiam ser exercidos em favor dos "interesses da classe trabalhadora de forma a fortalecer o sistema socialista", colocado à disposição dos sindicatos. E, finalmente, estabelecia também uma breve lista de deveres a serem observados para a implementação desses direitos, que incluem o dever de disciplina de trabalho; respeito das regras socialistas; dever de proteger a propriedade do sistema soviético e dever militar universal. Ao mesmo tempo que teoricamente concedia direitos, ele os sujeitava a normas de caráter aberto que poderiam os suprimir de qualquer forma e a qualquer momento.

Irônico notar que quando o documento reconhece um direito a "um salário estabelecido de acordo com a *quantidade* e *qualidade* do mesmo", ela acaba por refutar a teoria de valor-trabalho, largamente desacreditada por economistas desde o

---

[108] UNIÃO DAS REPÚBLICAS SOCIALISTAS SOVIÉTICAS. Constituição da União Soviética de 1936. Traduzida para o Inglês. Disponível em <http://www.departments.bucknell.edu/russian/const/36cons04.html#chap10> Acesso em: 17 de out. de 2014

[109] Em tradução ao inglês: "ARTICLE 120. Citizens of the U.S.S.R. have the right to maintenance in old age and also in case of sickness or loss of capacity to work. This right is ensured by the extensive development of social insurance of workers and employees at state expense, free medical service for the working people and the provision of a wide network of health resorts for the use of the working people."

século XIX, que é a base e sustentação para a mais-valia de Marx, e por consequência de toda a concepção de exploração do proletariado pela burguesia que justificaria o socialismo. Explica-se: a mais-valia parte do pressuposto fundamental de que o trabalho é valorado conforme a *quantidade* (horas, força, etc.) despendido nele, de forma objetiva, e não pela *qualidade* do que se produz, o que seria subjetivo. Dentro das ciências econômicas, considera-se como a "revolução marginal" o momento em que os economistas modernos[110] largamente concordaram que o valor não pode ser auferido objetivamente, mas sim que ele dependente da utilização e satisfação do que se produz, sendo então subjetivo. Logo, sendo a mais-valia baseada em uma equação que relaciona a *quantidade* do trabalho tão somente empregado em relação ao "valor" gerado, a lógica aplicada é completamente equivocada. Vale notar que não se pode dizer que Marx teria reconhecido a teoria do valor subjetivo ao descrever o chamado "fetiche de mercadoria", uma vez que a elaboração de tal termo foi propositalmente assim feita para esclarecer que não se tratava de algo que agrega valor. Entretanto, vale ressaltar que a grande refutação da mais-valia e sua deficiente teoria de juros foi feita pelo austríaco Eugen Bohm von Bawerk em 1886.[111]

Em 1964, em um artigo intitulado *La protection des droits des citoyens en U.R.S.S.* (a proteção dos direitos dos cidadãos na União Soviética),[112] escrito por M. S. Strogovitch, membro da Academia de Ciências da União Soviética, descreveu-se o sistema de direitos que eram previstos no campo legal à população do referido país:

---

[110] Representados pelo "triunvirato" de Jevons na Inglaterra, Carl Menger (pai da escola Austríaca) na Áustria, e Walras na Suíça.

[111] BAWERK, Eugen Bohm von. A teoria da exploração do socialismo-comunismo. 3ed. São Paulo: Instituto Ludwig von Mises. Brasil.

[112] STROGOVITCH, M.S. La protection des droits des citoyens en U.R.S.S. In: Revue internationale de droit comparé. Vol. 16 N°2, Avril-juin 1964. pp. 297-306. Disponível em <http://www.persee.fr/web/revues/home/prescript/article/ridc_0035-3337_1964_num_16_2_13937> Acesso em: 17 de out. 2014.

> Os direitos dos cidadãos, direitos individuais (subjetivos) de acordo com o termo empregado na teoria do direito, não são considerados na URSS como concedidos pelo estado, na medida em que ele pode, a seu critério, retirá-los. De acordo com a teoria comumente aceita, direito subjetivo não é mais do que um reflexo do direito objetivo. Como consequência, para o estado, e para a jurisprudência soviética, essa teoria é inaceitável, sendo antidemocrática por natureza. Teórica e praticamente, os direitos dos cidadãos e a liberdade do indivíduo não existem na URSS, apenas a expressão jurídica da situação que o trabalhador ocupa no seio da sociedade socialista, seja como membro igual em direitos em relação a outros membros e participante como eles na gestão do estado e na atividade social, seja como uma personalidade humana, que tem todas as possibilidades de fazer valer e de desenvolver suas capacidades e seus dons. Os direitos beneficiam o cidadão que confirma a lei, ao mesmo tempo em que seus deveres para o estado, a sociedade e os outros cidadãos constituem no seu conjunto o estatuto jurídico do cidadão soviético, sua situação jurídica no estado e na sociedade.[113]

A análise teórica de Strogovitch prossegue no sentido de que os direitos estão divididos em duas seções: direitos políticos e direitos sociais. Liberdades políticas incluíam supostamente a liberdade de expressão e liberdade de imprensa, liberdade de comícios e

---

[113] Ibid., des., tradução nossa.

reuniões, a liberdade de consciência, o direito de votar e ser eleito para órgãos representantes soviéticos e organizações sociais e inviolabilidade da pessoa. Já os direitos sociais seriam: o direito ao trabalho e o direito ao repouso, o direito à educação e à assistência médica gratuita, direito a seguro de velhice e garantia médica ou deficiência.

Na visão do governo, a liberdade de imprensa estaria disponibilizada aos trabalhadores, através de impressoras e papel para a publicação de escritos, discursos, etc. Ou seja, não disponível da mesma forma que nas sociedades liberais – em que as liberdades eram individuais e exercidas pelos cidadãos separadamente ou em associação voluntária; mas em conjunto, através de grupos regulados pelo governo, desde sua formação, até o usufruto da "liberdade" em questão.

A garantia do direito ao trabalho estaria externalizada em uma suposta ausência de desemprego na União Soviética, através da construção econômica e cultural que em tese se desenvolveria sem parar e consequentemente exigiria o aumento sistemático da força de trabalho empregada na produção.

O direito de voto foi apresentado no regime para formar os órgãos representativos do poder – os *soviets* de operários e camponeses. No entanto, esse direito não foi geral, pois certos grupos da população se enquadravam como parte de "classes não-trabalhadoras". Além disso, o direito não era igual, uma vez que os trabalhadores industriais eram mais plenamente representados para os soviéticos que o campesinato, que na época formavam cooperativas.

A justificativa para essas restrições ao direito de voto estava alegadamente nas condições sociais e políticas que a União Soviética sofrera, como a "intervenção estrangeira" e a "guerra civil', que trouxe ao poder o regime comunista. Em 1936, esse cenário teria se alterado e o voto teria se tornado supostamente universal, com exceção de casos de condenações criminais.[114]

---

[114] Importante ressaltar que a União Soviética usava pesadamente seu sistema jurídico penal para fins políticos, consoante se expõe no terceiro capítulo deste trabalho.

A Constituição Soviética de 1977, também conhecida como "Constituição Brezhnev", praticamente manteve os direitos previstos em sua versão anterior, ainda que algumas modificações tenham ocorrido, como a divisão de alguns direitos sociais em garantias mais específicas, e uma singular inovação contida em seu artigo 57, que incluíam o "respeito pelo indivíduo" e sua proteção como deveres de todas as organizações e dos oficiais de estado; inclusive garantindo a reputação, vida, saúde, liberdade pessoal e propriedade.[115]

Entretanto essa perspectiva quanto aos direitos que marcou a positivação não se restringiu à União Soviética. Outras constituições da civilização socialista basicamente adotaram a mesma vertente coletivista de direitos. A Constituição da Alemanha Oriental reconhecia tanto o direito como o dever de trabalhar.[116] Os direitos sociais eram o elemento central das disposições nesse sentido, consolidando-se como a marca desse fenômeno frente ao que podemos chamar de direitos humanos.

O REGIME JURÍDICO *DE FACTO* DOS DIREITOS HUMANOS SOB O FENÔMENO SOCIALISTA

Além do plano teórico e jurídico, este tópico se dedica a analisar como foram os resultados das escolhas econômicas e políticas do fenômeno analisado, tendendo a vislumbrar um sistema e regime jurídico *de facto* em relação ao que se foi historicamente proposto na teoria.

---

[115] UNIÃO DAS REPÚBLICAS SOCIALISTAS SOVIÉTICAS. Constituição Soviética de 1977. Tradução para o Inglês. Disponível em <http://www.departments.bucknell.edu/russian/const/77cons02.html> Acesso em: 19 out. 2014.

[116] REPÚBLICA DEMOCRÁTICA DA ALEMANHA. Verfassung der DDR. 1949, Artigo 24. Disponível em <http://www.ddr-im-www.de/Gesetze/Verfassung.htm>. Acesso em: 21 out. 2014.

A União Soviética é reconhecida por ter um dos regimes totalitários mais radicais da história. Junto com outros regimes socialistas, como a China de Mao, a Cuba dos irmãos Castro, a Alemanha de Hitler e o Camboja de Pol Pot, promoveram os maiores massacres e as mais grandiosas violações de direitos humanos documentadas até hoje pela humanidade.

O regime iniciou com um decreto em 7 de novembro de 1917, quando Lenin confiscou todas as propriedades e as colocou sob o regime do governo, implementando assim um radical sistema socialista de economia. Cinquenta dias depois, ele criaria a *Cheka*, que veio a ser conhecida por KGB. Seu primeiro líder, Felix Dzerzhinsky, declarou: "Nós não precisamos de justiça neste ponto. Estamos engajados hoje, de mãos dadas para combater até a morte! Até o fim! Eu proponho, eu demando, a organização de uma revolução aniquiladora contra todos os contrarrevolucionários!".[117]

Em 4 de Janeiro de 1918, Lenin bane o Partido Democrático-Constitucional Russo, conhecido como *cadets*, os denominando como "inimigos do povo", por defenderem a democracia liberal e direitos sindicais. No mesmo dia, dois líderes do partido foram assassinados em um hospital.[118] Um decreto na semana seguinte extinguiu todos os direitos legais das igrejas, tornando ilícitas suas existências. Logo em seguida o casamento é abolido e a família é considerada pelo regime como obsoleta, uma vez que privaria as mulheres de realizar o trabalho útil ao estado, que pretendia gradualmente se encarregar da criação dos recém-nascidos. Para eles, crianças "como cera, são altamente maleáveis" e "bons e verdadeiros comunistas podem ser feitos deles".[119]

---

[117] JOHNS, Michael. Seventy Years of Evil: Soviet Crimes from Lenin to Gorbachev. Policy Review Magazine. The Heritage Foundation, 1987.

[118] Ibid.

[119] Ibid.

A ideia de que crianças pertenceriam ao estado, e não às suas famílias, é historicamente uma bandeira do socialismo e do fascismo, estando na espinha dorsal do processo de controle social por esses regimes. Logo, quando a Procuradora da República, Deborah Duprat, mencionou em um debate na TV Câmara brasileira que as crianças não pertenceriam às suas famílias, falhou ela em não entender a grande carga moral e histórica que tal concepção carrega. Como ensinou Edmund Burke, *aqueles que não conhecem a história estão fadados a repeti-la*.

Em julho de 1918 o regime cria uma categoria de cidadãos conhecidos como *lishenets*, e retira deles todos os direitos. Neste grupo estavam inclusos empresários, padres, antigos colaboradores da polícia, frequentadores da antiga realeza, e "pessoas que contratam trabalho com o intuito de obter lucro". É estimado que 5 milhões de russos foram enquadrados nessa categoria.

Em setembro de 1918, o *cabinet* Soviético autoriza o "Terror Vermelho", que permitiria à *Cheka* implementar uma "impiedosa massa de terror", em resposta a uma tentativa de assassinato a Lenin que resultou no massacre de 600 pessoas. Na mesma situação, ele autoriza a abertura de campos de concentração destinados à "*bourgeoisie*" (burguesia): eram fundados os *gulags*.

Dois meses depois, o sistema jurídico russo sofre seu maior atentado. Lenin substitui o sistema judicial por tribunais revolucionários destinados a prender aqueles que não representassem "a consciência do proletariado e o dever revolucionário".

Em 1919, Lenin assina um decreto iniciando uma campanha para combater o analfabetismo, que passa a ser considerado crime. Em 1922, a *Cheka* é substituída pela GPU, e seu primeiro objetivo é exterminar a liberdade de expressão, assassinando poetas e intelectuais considerados contrarrevolucionários. O código-penal é emendado em 1927 para criminalizar as chamadas "atividades contrarrevolucionárias", que veio a servir de base para uma série de restrições a liberdades civis, inclusive na manifestação de piadas e sátiras do regime.[120] Como George Orwell descreveu em sua obra clássica, *1984*: "toda piada é uma pequena revolução" (*every joke is a tiny revolution*).

Em 1929, é estimado que os trabalhadores eram forçados a trabalhar sete dias por semana em terríveis condições. Um relatório emitido por um agente da GPU informava que a alimentação era terrivelmente desnutrida, formada essencialmente de água. A carne era normalmente contaminada e os vegetais praticamente inexistentes.[121]

Em 1932-33 ocorre um dos mais terríveis episódios da história da humanidade, em que oito milhões de Ucranianos foram assassinados através de fome artificial imposta como retaliação a uma revolta contra o regime stalinista: o evento histórico conhecido como *Holodomor*, que será contemplado em mais detalhes no capítulo III. Jornais ocidentais, como o *The New York Times*, negaram o ocorrido à época.

Em 1933, o direito de ir e vir é definitivamente extinto, para manter a "estabilidade de emprego" e residência, sendo instituídos passaportes domésticos, em um estilo parecido com o sistema usado na África do Sul durante o regime de *apartheid*. Em 1935, Stalin decreta nova legislação sobre as crianças, determinando que pessoas de 12 anos ou mais seriam criminalmente processados por não denunciar "traições" ao regime cometidas pelos seus pais. O regime nazista alemão editou similar lei em 1944.

Em uma história que ficou consagrada na obra *Eleven Years in Soviet Prison Camps* (em tradução literal, Onze Anos em Campos de Prisão Soviéticos, nunca publicado no Brasil), Elinor Lipper descreve a história de um cidadão que foi submetido a um campo de concentração onde ocorria trabalho escravo explorado

---

[120] Vale a pena assistir o documentário de 2006, intitulado Hammer & Tickle, de Ben Lewis.
[121] Ibid.

pelo regime comunista. Os terrores dos *gulags* são muitas vezes comparados aos campos de concentração nazistas.

Estimativas ocidentais afirmavam que, em 1939, mais de oito milhões de pessoas haviam sido presas e, desde 1937, começaram a morrer em massa por conta das más condições dos campos de concentração.

Logo após a Segunda Guerra Mundial a fome começa a varrer a Ucrânia e outros países do Leste Europeu, fazendo com que o Kremlin demande produções irreais dos fazendeiros. Stalin demanda confiscação de grãos para alimentar cidades, implementando políticas que geram desestímulos à plantação. Como resultado, milhares morreram de fome e Stalin então nega aos Ucranianos o direito de reter parte de sua produção de alimentos para saciar a sua própria.

O ano de 1950 é marcado pelo massacre de milhões, executados em massa nos *gulags*.[122] Três anos depois, protestos são duramente reprimidos da Alemanha Oriental. Especificamente no dia 17 de Junho de 1953, aproximadamente quinhentas pessoas foram esmagadas por tanques soviéticos em Berlim. No mesmo sentido, em 1956 um grupo intitulado "Liberdade de Expressão" é fundado na Sibéria e, em menos de um ano, todos são presos. Segue a isso uma campanha promovida para remover "parasitas", majoritariamente pesquisadores e artistas opositores ao regime, que são enviados a regiões remotas da União Soviética.

Em 1964, a Academia de Ciências Ucraniana começa a circular o livro antissemita intitulado *Judaism Without Embellishment* (em uma tradução literal, Judaísmo Sem Enfeites). Muitas das ilustrações são diretamente importadas do periódico nazista Der Stunner. Como consequência, no ano seguinte, centenas de jovens são presos na Ucrânia, acusados de oposição ao regime.

---

[122] Ibid.

Em 3 de fevereiro de 1977, em um sangrento golpe efetuado na Etiópia com o suporte de Moscou, o ditador comunista Colonel Mengistu Haile Mariam lança seu próprio "Terror Vermelho", matando cerca de 10 mil pessoas.

Dentro da Ucrânia, a perseguição a católicos se intensifica e um dos líderes católicos no país escreve ao Papa Paulo VI que "nossos padres gemem em campos de trabalho forçado e em institutos psiquiátricos... Eu vivo em um país em que é um crime ser cristão. Nunca antes a fé de uma Igreja de Cristo foi exposta a tantas perseguições como hoje".[123]

No mesmo ano, em Honolulu no Havaí (EUA), o Congresso Mundial de Psiquiatria denuncia que o regime soviético abusou de procedimentos para manter o regime político. Dois anos antes, o canal norte-americano CBS News reportou que 7.000 lobotomias foram realizadas em cidadãos soviéticos para "curá-los de crenças políticas errôneas."[124]

Em 1983, o Departamento de Estado Americano estima que quatro milhões de pessoas se encontravam em mais de mil e cem campos de trabalho forçado na União Soviética. Em 1985, o direito à inviolabilidade da pessoa humana é sepultado novamente quando a presidência do Supremo *Soviet* da URSS decreta que tratamentos médicos serão compulsoriamente aplicados às pessoas com "problemas psiquiátricos" sem autorização judicial.

Nem sob o regime de Gorbatchev a situação dos direitos humanos chegou perto do que se vivenciou na maioria dos países ocidentais no mesmo período. Dentro das informações presentes e reconhecidas incontroversamente até hoje, as redes da KGB mantinham informações e controle sobre todos os bairros e locais

---

[123] Ibid.

[124] Ibid.

de trabalho; nenhum cidadão soviético conseguiria um emprego ou apartamento se não estivesse junto com o partido.[125]

Em si, a realidade factual dos registros históricos aponta que os direitos humanos sob o regime soviético foram praticamente extintos. A alta flexibilidade advinda do caráter coletivo dos mesmos sob a Constituição de 1936 sujeita sua aplicabilidade a todo tipo de necessidade do governo, em que "para o bem-estar social" eventuais violações poderiam ser aplicadas.

No terceiro capítulo deste trabalho será investigado quais as razões desse fenômeno de autodestruição humana e a relação com a escolha de uma economia socialista por parte da União Soviética. A destruição humanitária não era opcional caso o regime quisesse manter um sistema socialista.

---

[125] Ibid.

Capítulo 2.4

O PANORAMA ATUAL DOS DIREITOS HUMANOS FRENTE AO PLANO INTERNACIONAL

As duas filosofias de direitos humanos apresentadas acabaram se espalhando pelo mundo e estiveram presentes no início da globalização jurídica, através da Declaração Universal dos Direitos Humanos de 1948, ao final da Segunda Guerra Mundial, com a criação das Nações Unidas.

O documento sofreu uma bifurcação como consequência dos dois sistemas vigentes à época: o capitalismo, com sua filosofia liberal de direitos e o socialismo, com sua perspectiva coletivista.

Esse processo resultou no Pacto Internacional dos Direitos Civis e Políticos (ICCPR) e no Pacto Internacional dos Direitos Econômicos, Sociais e Culturais (ICESCR). Ele veio a ser justificado por um argumento pragmático, mas que refletia também as tensões que se escalavam na Guerra Fria: enquanto a primeira tratava de direitos civis e políticos que somente requereriam abstenções, a segunda demandava ações afirmativas de implementação.[126]

---

[126] GORDON, Joy. The Concept Of Human Rights: The History And Meaning Of Its Politicization. Brooklyn Journal of International Law. 23 Brooklyn J. Int'l L. 689. 1998.

Daí a diferenciação fundamental entre os direitos individuais como negativos e os direitos sociais como positivos.

A comunidade jurídica abraçou essa distinção entre as gerações, na prática. Um exemplo é a Anistia Internacional, que apesar de buscar a proteção das provisões da Declaração Universal dos Direitos Humanos[127] e de não rejeitar a noção de direitos econômicos, sociais e culturais,[128] está focada em questões específicas como a proteção de perseguidos por raça, sexo, religião, etnia, etc.[129] O mesmo caso é notado pela organização não-governamental Human Rights Watch, que está direcionada a combater violações de integridade física e direitos civis e políticos.[130]

Dessa forma, fundamentou-se a divisão largamente aceita dos direitos humanos na atualidade: a *primeira geração*, composta notadamente de direitos individuais e a *segunda geração*, composta notadamente de direitos sociais. Logo após, se consolidaria também a chamada *terceira geração*, que englobaria aspectos trazidos pela Declaração de Estocolmo, referentes a questões ambientais, por exemplo. Ao contrário das duas primeiras, a terceira geração ainda não pode ser considerada *customary international law* (direito costumeiro),[131] carecendo ampla aceitação prática e política pela humanidade, razão pela qual não é analisada nesta obra.

---

[127] HAMMARBERG, Thomas. Preface to Chapter 5: Non-Governmental Organisations, in 3 James Avery Joyce, Human Rights: International Documents 1559-60, 1978.

[128] GORDON, op. cit., dev.

[129] AMNISTIA INTERNACIONAL. The Amnesty International Handbook 129. Marie Staunton et al. eds., 1991.

[130] Conforme notado em Human Rights Watch, The Lost Agenda: Human Rights and UN Field Operations (1993).

[131] Bodansky, Daniel (1995) "Customary (And Not So Customary) International Environmental Law," Indiana Journal of Global Legal Studies: Vol. 3: Iss. 1, Article 7

Abraçando a ideia de universalidade dos direitos humanos, veremos neste livro a deterioração do que foi entendido como direitos individuais e sociais.

Ambos, hoje, são dotados de prática reiterada, de razoável duração, consistência, repetição e generalidade (*general practice*), e da presença de uma convicção juridicamente relevante (ou consentimento) sobre a obrigatoriedade – *opinio iuris* – da prática em presença ou da respectiva admissibilidade ou proibição, conforme o caso, compondo assim um corpo universal do direito internacional.

QUADRO RESUMO

DIREITOS INDIVIDUAIS	DIREITOS SOCIAIS
Primeira Geração	Segunda Geração
INDIVIDUAIS SE APLICAM SOMENTE A INDIVÍDUOS	COLETIVOS SE APLICAM A GRUPOS E CLASSES
NEGATIVOS GERAM UMA OBRIGAÇÃO DE ABSTENÇÃO (NÃO FAZER)	POSITIVOS GERAM UMA OBRIGAÇÃO DE PRESTAÇÃO (FAZER, PAGAR)
OBJETIVOS SE APLICAM A TODOS DE FORMA IGUALITÁRIA	SUBJETIVOS A APLICAÇÃO ESTÁ PREDICADA AO SUJEITO RECEPTOR
Baseado na filosofia do LIBERALISMO	Baseado na filosofia do SOCIALISMO
Origem descentralizada e desconhecida	Origem na Europa Ocidental na Idade Moderna
Primeiro Instrumento Moderno Bill of Rights (EUA) 1789	Primeiro Instrumento Moderno Constituição Mexicana 1917
Vida, Liberdade e Propriedade	Educação, Saúde e Moradia

Capítulo III

A destruição humanitária trifásica sob o socialismo

Toda tentativa socialista vai falhar, e isso ocorrerá de maneira arrasadora e previsível. Essa afirmação não é baseada tão somente nos exemplos da história, mas sim em um arcabouço teórico que responderá se as violações aos direitos humanos são um fenômeno intrínseco, necessário e inevitável ao modelo econômico socialista.

Ao fenômeno aqui descrito, este autor deu o nome de *processo trifásico de destruição humanitária*, baseado nas premissas de que a descoordenação econômica provocada pelo processo socialista inevitavelmente acaba gerando um ciclo de destruição em fases da estrutura humanitária de uma sociedade.

Jamais existiu um governo, estado, nação, país, região, povo, ou qualquer outro segmento de humanos, que adotassem um regime integralmente *laissez-faire*. Da mesma forma, nunca houve a adoção integral do regime econômico socialista. Todos os regimes existentes são, de uma forma ou outra, *mixed economies* (economias mistas), sempre estando em algum ponto entre os dois extremos.

Logo, faz-se necessário ajustar a forma com que o termo socialismo será aqui usado. Inclusive porque, como será demonstrado adiante, é impossível se ter uma economia socialista no mundo real, dada a existência de um problema fundamental em sua teoria. Assim sendo, são eles, e aderem ao processo trifásico aqui descrito, aqueles sistemas econômicos que intervêm na economia a um nível que geram um mercado paralelo dos mesmos bens e serviços que são ofertados também através de uma produção estatizada.

	PLANO TEÓRICO	PLANO REAL
SOCIALISMO	ECONOMIA CENTRALMENTE PLANEJADA	ECONOMIA ESTATAL E MERCADO PARALELO
INTERVENCIONISMO	ECONOMIA DE MERCADO SOB FORTE INTERVENÇÃO	ECONOMIA MISTA SOB INTERVENÇÃO
CAPITALISMO	ECONOMIA *laissez-faire*	INEXISTÊNCIA DE INTERFERÊNCIA NO MERCADO

Ainda que a União Soviética tenha adotado oficialmente um sistema inegavelmente socialista, sob o ponto de vista econômico, a existência de um mercado oculto (criado em razão da incapacidade de alocar recursos de uma forma econômica e eficiente) fez com que subsistisse paralelamente um sistema marginal de trocas, descentralizado que, em teoria, não existiria no socialismo. *Sorte seria se só nisso a teoria socialista estivesse errada.*

Importante notar também que, dado o caráter centralizador necessário à planificação da economia por um determinado órgão ou corpo diretor, nenhuma sociedade surge naturalmente socialista. Em si, tal sistema foi o fruto do pensamento de diversos intelectuais, e não o resultado da ordem espontânea da evolução moral da humanidade.

Assim sendo, todos os fenômenos socialistas da história são marcados por implementações em medidas graduais. Algumas experiências possuem implementações mais bruscas e rápidas, como no caso da União Soviética ou de Cuba, que implantaram o socialismo através de uma revolução; em outros, como a Venezuela ou o *Drittes Reich* (*Third Reich*, ou Alemanha Nazista), medidas interventoras sobre a atividade humana são colocadas em práticas de forma mais gradual.

Entretanto, o processo aqui descrito se aplica independentemente da velocidade inicial de implantação, ou grau de profundidade alcançado.

Traça-se uma relação temporal para analisar como as medidas que caracterizam um regime socialista afetam os direitos humanos. Muitas das violações surgem como inerentes a partir de um problema causador, resultado de uma ação economicamente interventora de alto grau, a ponto de ser descrita como *socialismo*.

As sete premissas do sistema trifásico

Os efeitos que o socialismo tem sobre a eficácia real dos direitos humanos podem ser compreendidos através de três diferentes níveis, cada um caracterizado por uma crise, os quais costumam aparecer na seguinte ordem temporal: um fenômeno socioeconômico (afetando os chamados "direitos sociais"), um fenômeno totalitário (que atinge o adimplemento das chamadas liberdades individuais e civis), e, finalmente, um fenômeno anti-humanitário (que susta as mais importantes garantias individuais relacionadas à dignidade humana).[132] O limiar de cada grupo de indivíduos é sempre diferente, e é influenciável pelo aparato institucional envolvido em cada situação.

A base lógica desse sistema trifásico está nas seguintes premissas:

> (i) ao optar pelo modelo econômico de planejamento central (socialismo), o estado causará uma (ii) descoordenação econômica, que por sua vez trará impactos mais amplos na sociedade. Uma das consequências será (iii) o surgimento de um mercado paralelo. Ao tentar (iv) reprimi-lo, o estado (v) torna-se gradualmente totalitário. Em alguns casos, ou situações, com o objetivo de (vi) tentar repetidamente extinguir o mercado paralelo, (vii) ele opta por implementar políticas que poderiam ser caracterizadas como anti-humanitárias, dado o ataque amplo e generalizado no caráter íntimo dos direitos à vida e à liberdade (em sentido estrito, referindo-se a um modelo similar a escravatura ou servidão involuntária).

Importante ressaltar que a própria Escola Austríaca identificou diversos outros problemas que conduzem a um "destrutivismo" da sociedade sob o regime

---

[132] Ressalta-se que este livro poderia ter apresentado uma visão quadri-fásica de destruição dos direitos humanos ao adicionar uma fase antidemocrática. Contudo, ao contrário dos demais elementos analisados, a democracia não pode ser considerada como *customary international law*, nem mesmo sob o manto dos direitos humanos, uma vez não haver *general practice* consolidada e unificada de forma suficiente, logo ficando de fora da teoria. A própria definição do que seria democracia é demasiadamente controversa. A crítica de Hoppe nesse sentido é inteiramente cabível. Ver mais em: HOPPE, Hans H. Democracia: O Deus que Falhou. 2013 1ed. São Paulo: Instituto Ludwig von Mises Brasil.

socialista.¹³³ Outros economistas, não pertencentes a essa vertente teórica, também apontaram demais mazelas, com especial atenção ao chamado problema de incentivos,¹³⁴ em que a coletivização dos meios de produção reduziria, ou extinguiria por completo, a atividade econômica.

Interessante notar que as conclusões e as forças motoras que geram as crises independem de uma teoria única que demonstre a falha do socialismo, na medida em que o processo se dá por uma ação (movimento opressor estatal) e reação (expansão do mercado paralelo), de forma contínua e gradual crescente, até a fase de alívio.

As evidências históricas, com o fim de demonstrar as teses aprioristas, serão primeiramente baseadas em duas situações específicas: o regime econômico sob a União Soviética entre 1917 e 1990,¹³⁵ e sob a Venezuela, entre 1998 e os dias atuais,¹³⁶ pois esses dois exemplos destacam-se na distinção entre si: enquanto aquele se deu de implantação abrupta, baseado no modelo do século XX, este está se dando de forma gradual, em referência ao chamado "socialismo do século XXI". Assim sendo, na conjunção desses exemplos opostos, este livro visa obter evidências para corroborar o processo dedutivo que precederá suas

---

[133] De fato, em sua obra Socialismo, Mises aponta: uma análise econômica e sociológica, Mises aponta que o processo de "destrutivismo" sob um regime economicamente socialista ocorreria também baseado em problemas de demagogia e destruição do *literati*, o que se traduziria através de legislação trabalhista, seguridade social compulsória, sindicalização generalizada, seguro-desemprego, socializações em larga escala e taxação. MISES, Ludwig Von. Socialism: an economic and sociologic analysis. Indianápolis: LibertyPress/LibertyClassics, 1981.

[134] Em realidade o problema de incentivos já era visto em 1848 pelo filósofo empirista Stuart Mill. Ver mais em: MILL, John Stuart. The Principles of Political Economy. New York: D. Appleton And Company, 1848.

[135] Período entre a Revolução de Outubro e o fim (estimado) do socialismo na União Soviética.

[136] Período pós a chamada Revolução Bolivariana, iniciada com a posse de Hugo Rafael Chávez Frías na presidência da Venezuela.

apresentações. Entretanto, também se irá demonstrar como isso se deu em outras "experiências" socialistas.

Consoante acima exposto, esta obra indicou que a tradição liberal clássica não reconhece o que se chama de "direitos sociais". Porém, para exercício da teoria econômica aqui apresentada, iremos mostrar a situação em que o espectro normativo de direitos humanos englobaria em absoluto os chamados "direitos de segunda geração". Questiona-se se existem teoremas capazes de explicar que o fenômeno genérico aqui analisado também levaria a profundas e insolvíveis violações aos chamados "direitos sociais", especialmente já na primeira fase.

Para isso, precisamos identificar o que são esses direitos sociais, em que eles consistem economicamente e o que seria necessário para suas implementações, para que somente então se possa definir como um sistema socialista os afetaria.

A análise econômica dos "direitos sociais"

É possível fazer um (curioso) paralelo entre o tratado internacional de direitos sociais de 1966 (ICESCR) e a Constituição da União Soviética de 1936, especificamente seu capítulo X. Em ambos os casos, a seção de direitos é aberta com o "direito ao trabalho". Entretanto, os principais direitos que chamam a atenção e caracterizam o fundamento da segunda geração são, sem dúvidas, os direitos à educação, à seguridade social (saúde, bem-estar e aposentadoria) e à alimentação, incluindo vestuário e moradia.

Pode-se dizer que esses direitos sociais constituem a raiz da teórica segunda geração (ou dimensão), dos direitos humanos. Essa definição é tão bem aceita universalmente que a Constituição Brasileira de 1988 reconhece em seu art. 6º os direitos sociais a educação, a saúde, a alimentação, o trabalho, a moradia, o lazer, a segurança, a previdência social, a proteção à maternidade e à infância e a assistência aos desamparados.[137] Mais recentemente, graças ao *maravilhoso* ato de nossos congressistas, os brasileiros agora desfrutam do direito social ao transporte. Tudo mudou. *Great success.*

Sob o ponto de vista da análise econômica do direito, esses benefícios seriam em realidade muito diferentes do conceito presente na primeira geração. Analisando-se brevemente a origem filosófica e jurídica presente no *Second Treatise of Government* que conduziu ao *Bill of Rights* norte-americano (de forma mais consistente) e à *Déclaration des Droits de l'Homme et du Citoyen* francês (de forma mais dispersa), as características de implementação são muito distintas, senão antagônicas.

Enquanto os direitos individuais a vida, liberdade e propriedade exigem – em tese – tão somente uma atitude negativa de não violação, conforme descrito inclusive pelo documento francês quando afirma que *"a liberdade consiste em poder fazer tudo que não prejudique o próximo"*,[138] os chamados direitos sociais, pelo contrário, demandam uma prestação positiva.

Bem é verdade que alguns dos direitos individuais delineados no *Bill of Rights* norte-americano igualmente carecem de prestações positivas, como por exemplo o direito de ser levado a julgamento por um tribunal do júri, o qual – em uma análise econômica – necessita que recursos sejam manejados e alocados de forma a garantir uma prestação pelo estado. Contudo, a fundamental diferença reside no fato que nenhuma prestação positiva adviria da primeira geração,

---

[137] REPÚBLICA FEDERAL DO BRASIL. Constituição Federal de 1988. Artigo 6º. Disponível em < http://www.planalto.gov.br/ccivil_03/constituicao/ConstituicaoCompilado.htm > Acesso em: 23 de out. de 2014.

[138] ROYAUME DE FRANCE. Déclaration des droits de l'homme et du citoyen de 1789. Disponível em <http://www.conseil-constitutionnel.fr/conseil-constitutionnel/francais/la-constitution/la-constitution-du-4-octobre-1958/declaration-des-droits-de-l-homme-et-du-citoyen-de-1789.5076.html> Acesso em 12 set. 2014.

senão como consequência de uma violação ou ameaça. Nesse sentido, qualquer economista ou administrador contemporâneo pode concluir que, inclusive, um sistema judicial de proteção aos direitos individuais de primeira geração poderia ser sustentado pela própria remuneração de seus serviços oferecidos, sem onerar toda a sociedade.

O mesmo não ocorre quando se analisa os direitos sociais que, independente da condição, circunstância e/ou motivação, estão (ou devem estar) à disposição para uso e gozo dos cidadãos. Exemplificadamente, não se faz necessário que haja um fato atípico para que alguém sob o regime constitucional *de jure* da União Soviética desfrutasse do direito à educação. Contudo, para que alguém no capitalismo desfrute do direito de ser julgado por um tribunal do júri, faz-se necessário que tenha ocorrido uma situação atípica não-natural, como um crime. Situação, na qual, os recursos despendidos para a execução de tal direito poderiam ser arcados pelo réu (se condenado) ou pelo acusador (se inocentado). Ou seja, de forma individualizada, sem onerar toda a sociedade e, por consequência, pessoas não envolvidas com o potencial crime. Em um modelo de sociedade ainda mais radicalmente capitalista, os custos seriam das agências seguradoras previamente contratadas pelos indivíduos envolvidos.[139]

Retornando à questão principal ora analisada, os direitos sociais em si nada mais são do que uma promessa (ou garantia) jurídica de que determinados recursos serão alocados em favor de um grupo de pessoas que podemos considerar como *recipientes*.

Sem dúvidas, sob o ponto de vista da análise econômica do direito, o que mais marca essa diferenciação entre as duas gerações é que, ao contrário da primeira, os chamados direitos sociais possuem suas efetividades baseadas em fatores

---

[139] Nesse sentido, válido o modelo hipótetico de funcionando do anarcocapitalismo por D. Friedman. Ver mais em: FRIEDMAN, David. The Machinery of Freedom.

materiais finitos, uma vez que estão sob a lei econômica de escassez. Como o renomado economista norte-americano Thomas Sowell colocou, "a primeira lição da economia é a escassez (...), e a primeira lição da política é ignorar a primeira lição da economia."[140]

Todos os recursos disponíveis ao ser humano são finitos e, em algum grau, escassos. O conceito de recursos inclui não somente os elementos materiais conhecidos pelo homem, mas também tempo, dinheiro e capacidade mental. Tudo que pode ser engajado em um processo econômico de trocas é, em si, um recurso.

Assim sendo, o "direito à educação" baseado em uma visão ortodoxa, nada mais é do que uma soma de recursos alocados à disposição de determinada segmentação da população humana. A estrutura do local, o custo e o tempo do profissional, são todos elementos econômicos que são finitos e estão sujeitos à lei da escassez.

A mesma interpretação se aplica ao "direito à saúde", que envolveria a alocação de recursos como fármacos, infraestrutura hospitalar, equipe médica, etc., que em si já são o resultado de uma série de outros recursos que foram alocados de forma a produzir uma combinação final, que poderia ser considerada como um serviço médico de saúde. A exata mesma lógica se aplica aos outros direitos sociais, como alimentação, moradia, seguridade social, entre outros.

Os direitos sociais são uma equação econômica a ser resolvida. Quando se fala neles se está lidando, sobretudo, com uma questão de produção e alocação de recursos, ao contrário dos direitos individuais de primeira geração que, sendo eminentemente negativos, não exigem uma conduta positiva. Ou seja, quando um cidadão respeita o direito à liberdade de outrem, não se está fazendo nada além de uma abstenção de sua conduta, sendo que o estado (em tese) só atuaria caso

---

[140] SOWELL, Thomas. Basic Economics. 4ª Ed. Nova Iorque: Basic Books, 2007.

houvesse uma violação desse padrão. Não existe escassez na abstenção. A implementação e efetividade dos direitos individuais não está condicionada a existência de recursos. Eles não estão sob a lei fundamental da economia. Os "direitos" sociais estão.

Nesse ponto reside a diferença fundamental entre a visão política liberal e a socialista no que tange ao bem-estar social.

Ao contrário do discurso político de esquerda, o liberal não é um ser maligno que objetiva a expansão do sofrimento pela terra, retirando saúde, educação e moradia dos mais pobres. Em realidade ele reconhece que tais prestações são serviços e produtos de fato e que, por estarem necessariamente sob a lei da escassez, são mercadoria (fazem parte do problema alocativo). Isso não é algo opcional. Na medida em que todos os indivíduos dão um valor subjetivo ao que desejam e agem baseados nesse sentido, recursos escassos finitos estão sob a lei de oferta e demanda, sendo assim *bens econômicos*. O liberal sabe que o processo que aloca de forma mais eficiente e menos custosa, e então mais acessível a todos, é necessariamente o livre mercado, tanto pela rede de conhecimento que conecta e mantém informados e coordenados todos os agentes econômicos e o sistema de preços, como pelo fato de que a competição – que somente existe no mercado – leva ao desenvolvimento de melhorias que aumentam a eficiência, reduzem custos e promovem inovação.

Essa é a razão pela qual toda vez que um serviço passa a ser oferecido pelo estado ele se torna necessariamente mais caro e menos eficiente.

A visão socialista nesse sentido é absolutamente oposta. Ela acredita que esses serviços devem ser considerados direitos, completamente desconsiderando o caráter de mercadoria (que inclusive é uma expressão da doutrina marxista) que eles possuem, como se de alguma maneira a sociedade pudesse retirar um fato dado da realidade. É como se um plebiscito resolvesse que a água não será mais considerada como feita de oxigênio, mas de enxofre. Você pode pintar uma vaca com as cores e tons de uma zebra, mas ela ainda será uma vaca.

As consequências dessa perspectiva "econômica" sobre esses setores são devastadoras. O processo de coordenação econômica é completamente prejudicado e, como resultado, os custos disparam e a qualidade cai. Suponha-se analisar a mesma situação sob ambas as perspectivas.

Em um cenário hipotético, um ônibus de professores de uma pequena cidade do interior, que viajava a uma localidade vizinha para um dia de treinamento, é tomado por uma grande tragédia que resulta na morte de todos os 30 indivíduos que ali estavam. Como diferentes sistemas lidariam com o problema da escassez resultante dessa tragédia?

Em um sistema de livre mercado, em que as instituições de ensino são privadas, no exato momento que a escola se vê na ausência de profissionais para atender aos alunos-consumidores, como uma verdadeira empresa no processo de especulação, ela se vê obrigada a aumentar o valor ofertado do salário, a fim de atrair professores de outras regiões. Se existe uma oferta baixa de professores em um caráter mais amplo, o aumento do preço dos salários será sentido pelo setor estudantil, que reconsiderará os benefícios de se adentrar nessa carreira, preenchendo a demanda de forma sustentável.

Caso o mesmo cenário se dê dentro de um país socialista de forma plena, em que todas as instituições de ensino são públicas, a resolução seria muito mais complexa. A pequena cidade que se viu escassa de professores teria que tentar atrair profissionais de outra forma. Se tentasse elevar os salários somente dos professores para aquela cidade, o resto da classe se revoltaria em desalento; se o aumento salarial fosse provisório, o problema voltaria a se apresentar ao longo prazo; se tivesse que elevar os salários para todos os profissionais da classe, o incentivo para realocação à pequena cidade seria perdido. Esse processo todo estaria sujeito a um processo central de organização financeira e decisória. Qualquer ação potencialmente satisfatória teria que passar por instâncias e instâncias de agentes estatais até que fosse aprovada. E por que realocar dinheiro especificamente para aquela comunidade abatida pela tragédia? Uma ponte caiu na cidade vizinha, cinco pessoas morreram e eles também querem o dinheiro – *diria um político nesse mundo fantasioso*. Como todo o sistema de ensino está nas mãos do estado, seria necessário a implementação de uma política para ajustar a oferta de profissionais. E como acertar o nível máximo? Sem o sistema de preços, como será possível auferir o ponto de escassez e de valoração que cada um estaria disposto a pagar?

Parece um cenário distante e hipotético, mas foi exatamente isso que ocorreu durante o furacão Catrina nos EUA em 2005, em que as empresas situadas na área conseguiram agir muito mais rapidamente e sob baixos custos para atender as necessidades urgentes provocadas pela devastação, enquanto auferiam lucro, em comparação com as ações do departamento americano responsável por assistir essas tragédias (FEMA), mesmo tendo este um orçamento de bilhões de dólares para ser gasto a "fundo perdido". Vale ler as análises acerca desse episódio de Lew Rockwell Jr.[141] e Robert Murphy.[142]

Toda vez que um processo estatal é iniciado para tentar corrigir uma descoordenação ocorrida, por qualquer motivo, ele vai inevitavelmente ser demorado, caro e errôneo – como se verá mais adiante. Não é coincidência que todas as vezes que um serviço público é – bem[143] – privatizado, ele reduz custos e eleva acesso. A mera recordação do acesso aos serviços telefônicos na década de 90 no

---

[141] ROCKWELL, L. H. Katrina and Socialist Central Planning. Mises Institute. October, 2005.

[142] MURPHY, R. P. How the Market Might Have Handled Katrina. Mises Institute. October, 2005.

[143] FONSECA, Joel Pinheiro da. Não basta privatizar – tem de desregulamentar e liberalizar. Instituto Ludwig von Mises Brasil. Acesso disponível em < http://www.mises.org.br/Article.aspx?id=1927>

Brasil já é uma dose empírica suficiente para aqueles que viveram à época. Análise divulgada em 2016 pelo economista brasileiro Leandro Roque mostrou que os preços de setores regulados pelo governo subiram em média 284% mais que os estabelecidos pelo mercado.[144]

As evidências acerca da ineficácia de uma normatização dos ditos direitos sociais são fartas. Um estudo apresentado pelo juiz brasileiro Bruno Bodart demonstrou a completa irrelevância de constituições ao redor do mundo ao tentar firmarem garantias a saúde, educação e segurança social, ao apontar para a gritante falta de correlação entre a existência de normas desse tipo e suas potenciais efetividades.[145]

O professor de Harvard, Cass Sunsteins, arguiu fortemente contra os direitos sociais, argumentando que eles são inexatos para disputas jurídicas, não trazem benefícios à sociedade e produzem fortes incentivos negativos que diminuem a iniciativa individual,[146] piorando as condições socioeconômicas da população em geral. Isso explica a razão pela qual países com mais proteção de direitos sociais são Papua Nova Guiné, Paquistão, Zimbábue, Bolívia, Cabo Verde, Angola, Venezuela, Equador, Bolívia e Sérvia.[147]

O primeiro passo para alguém que quer ver a sociedade com amplo acesso a saúde, educação e moradia é não ser um socialista.

---

[144] ROQUE, Leandro. Surpresa! Desde o real, preços regulados pelo governo subiram muito mais que os preços de mercado. Disponível em: <http://www.mises.org.br/Article.aspx?id=2499>

[145] BORDART, Bruno. Para que servem os direitos sociais? – ou: 100 anos de Constituições que prometem mundos sem fundos. Fevereiro de 2017. Disponível em: <http://mises.org.br/Article.aspx?id=2625>

[146] Cass R. Sunstein, "Against Positive Rights Feature," 2 East European Constitutional Review 35 (1993).

[147] BODART, op. cit.

Capítulo 3.1

A primeira fase: a crise socioeconômica

A primeira fase do processo de destruição inicia-se através da formação de uma crise socioeconômica sobre a sociedade que "optou" pelo sistema econômico socialista. Ela é causada pelo pontapé inicial do governo ao adentrar o sistema, sendo esta **a primeira premissa** do processo trifásico.

Robert Bradley, responsável por uma complexa análise do sistema de regulações do mercado do petróleo norte-americano, descreveu seis tipos de *personalidades interventoras*,[148] que caracterizariam as motivações desse tipo de agressão ao mercado (a sociedade não controlada por um regime central). Uma analogia poderia ser feita às suas tipologias, de forma a explicar o processo cognitivo por trás da motivação de implantar ou expandir o socialismo:

> > Socialista Profissional: aquele que abraça o ativismo ideológico como forma de vida;

---

[148] Bradley, Robert (1996) Oil, Gas and Government: The U.S. Experience. Lanham, MD: Rowman & Littlefield.

> Socialista ingênuo: aquele que expande o poder com boas expectativas baseadas nas suas intenções de "um mundo melhor";

> Socialista Oportunista: aquele que vislumbra o sistema como uma forma de ganho de poder, dinheiro e prestígio;

> Socialista pró-*establishment* (ou conservador): aquele que acredita que o sistema conservará a existência valores que julga bons, sempre arguindo que o capitalismo levará a uma catástrofe, seja ela humanitária ou ambiental;

> Socialista anti-*establishment* (ou desconstrutivista): aquele que quer a destruição completa da sociedade e cultura "dominantes", acreditando que o sistema irá substituirá as instituições sociais vigentes de forma mais "justa";

> Socialista pragmático: encontra no ativismo socialista puros benefícios pessoais no seu dia-a-dia, sem se doutrinar na ideologia.

Ainda é possível visualizar essas seis personalidades em uma tabela, tendo de um lado o nível de envolvimento com o sistema socialista (vive dele; se identifica com ele; ou meramente o apoia), e o aspecto geral com que objetiva em sua psique essa relação com o sistema (para si ou, imaginando fazer isso "para a sociedade").

	Para si	*Para os outros*
Vive do sistema	oportunista	profissional
Identifica-se com ele	pragmático	ingênuo
Meramente o apoia	pro-establishment	anti-establishment

Com a conquista do poder por ideólogos socialistas, democraticamente ou não, no momento em que o estado centraliza a economia, total ou parcialmente, a repressão sobre a ação humana e o mercado acarretará num processo intenso, complexo e amplo de descoordenação econômica e social, que por sua vez causará uma reação: o estabelecimento de um mercado paralelo. Esse será o gatilho da teoria apresentada.

A descoordenação econômica e social

Caos: talvez a imagem mais recorrente daqueles que já viveram em uma economia socialista. Esse processo de descoordenação econômica e social, que é a **segunda premissa do ciclo**, pode ser abordado através de duas perspectivas dentro das ciências econômicas, evolutivas/cumulativas ou alternativas.[149] Eles são dois problemas fundamentais descobertos pela Escola Austríaca, historicamente prestigiados, que afetam a informação e o conhecimento econômico.

---

[149] Dentro dos estudiosos da Escola Austríaca hoje, existem duas correntes principais em relação à distinção entre esses dois problemas. De um lado, entre os seguidores de Murray Rothbard, acredita-se que se tratam de duas teorias diferentes. Para aqueles que seguiram a linha do próprio Friedrich Hayek, existe um entendimento que ambas as teorias são aspectos do mesmo problema, tendo ele desenvolvido na questão do conhecimento necessário para resolver o problema alocativo.

A lógica, aqui apresentada, explica o processo de descoordenação econômica (caos) causado por qualquer tipo de planejamento: seja na tentativa de resolução do "problema matemático" que são os direitos sociais; como em qualquer outra área, setor, indústria, produção ou meio no qual o estado inicia o processo de planejamento. É curioso como normalmente, em nomes de uma melhor prestação das ditas garantias sociais, políticos socialistas chegam ao poder, mas não são derrubados quando a deterioração econômica causada pelo socialismo torna esses serviços ainda piores ao longo do tempo.

A primeira grande falha teórica do socialismo é o chamado problema do cálculo econômico, descrito pelo economista austríaco Ludwig von Mises; e a segunda é a teoria da dispersão do conhecimento formulada pelo, também economista austríaco, Friedrich Hayek.[150]

O problema do cálculo econômico sob o socialismo foi "descoberto" por Ludwig von Mises em 1920,[151] e consiste basicamente no teorema lógico-dedutivo de que sem um mercado em que os agentes troquem informações conforme suas necessidades, não podem haver formulações de preços com base no quanto as pessoas individualmente valoram as coisas, em cada momento diverso e complexo de suas vidas.

---

[150] Sobre o incrível ambiente acadêmico na Viena do século XIX, que deu luz a vários intelectuais, Fabio Barbieri escreve: "Considere uma pequena amostra [de Viena à época]: Popper se tornou amigo de Hayek, que era primo de Wittgestein. Mises era colega de escola de Hans Kelsen. Freud atendeu Gustav Mahler. A esposa deste, Alma Mahler, depois de flertar na juventude com Gustav Klimt, após a morte do compositor foi sucessivamente esposa do famoso arquiteto alemão Walter Gropius e do escritor Franz Werfel, além do romance que desenvolveu com o pintor Oskar Kokoschka." BARBIERI, 2013, op. cit. p. 31

[151] MISES, Ludwig Von. O Cálculo Econômico na Comunidade Socialista. Archiv für Sozialwissenschaft und Sozialpolitik. Vol. 47, Abril de 1920. pp. 86-121

Cientificamente, isso ocorre pois a precificação de cada recurso disponível em uma economia se dá por uma valoração subjetiva decrescente (utilidade marginal decrescente) e que só pode ser averiguada através da troca livre de informações entre indivíduos. Em outras palavras, preços são o resultado numérico extraído de uma rede complexa que conecta todos os agentes econômicos existentes. Quando se vai a um supermercado e se compra um determinado produto, o indivíduo está aprovando aquele preço, dizendo que ele valoriza aquilo na medida suficiente do que está pagando. Diversos fatores pessoais contribuem para isso. Todos eles são emitidos na forma de um preço, processados pelo mercado. São literalmente bilhões de indivíduos agindo nesse sistema, em diversas etapas, entregando uma sinalização constante e dinâmica. A complexidade do sistema de formação de preços deixa a internet *no chão*.

Sem preços para que se valore e se quantifique monetariamente (ou em qualquer sistema de atribuição) os custos reais de cada bem e serviço, bem como sua relação com a finidade resultante da lei de escassez, o cálculo econômico torna-se absolutamente impossível.[152]

Sem que o produto esteja em um mercado de livre circulação não é possível que os preços sejam ajustados conforme a utilidade deles e – principalmente – a quantidade disponível. Se não for pela rejeição dos consumidores a um produto já oferecido no supermercado, como poderia se descobrir que ele está muito caro?

Imagine um tradicional mercado municipal, como os de São Paulo, Rio de Janeiro, Belo Horizonte ou Porto Alegre. Quando um vendedor de pastel lá está,

---

[152] Esse problema é essencial para que se determine todas as implicações de um produto. O próprio preço, em si, já é uma informação de muita relevância para a economia como um todo. Logo, o controle de preços não pode funcionar já que ele nada mais é do que um "rabisco" sobre uma mensagem com muito significado. A precificação de algo em um patamar elevado (em acordo com a lei de utilidade marginal) significa que o recurso é muito útil ou muito escasso. Assim, o preço é uma mensagem acerca do recurso em questão.

ele vai ajustando os preços a todo instante, tanto como razão de como ele visualiza o que precisa para produzir seus pasteis, como pela capacidade e disposição que os potenciais consumidores estão dispostos a pagar. No momento em que o seu fornecedor de queijo aumenta o preço; ou quando a banca ao lado começa a vender o mesmo produto; ou ainda na situação em que um grupo numeroso de turistas estrangeiros com alto poder aquisitivo passa a visitar o local nas semanas de carnaval; o vendedor de pastel rapidamente consegue ajustar o preço cobrado pelo seu produto, considerando a disponibilidade de quanto o consumidor irá valorizar o que está sendo oferecido. Somente em um mercado de procura e ofertas existe a possibilidade constante de se testar os valores precificados de bens e serviços. Unicamente com esse teste é que será possível ir aprendendo constantemente qual é o valor correto das coisas (mais próximo ao ponto de equilíbrio entre oferta e demanda), pois seus atores recebem de imediato a confirmação de se estão certos, tendo sucesso na venda do pastel aos consumidores, ou se estão errados, tendo então que reestabelecer novas tentativas de precificação.

Se não há mercado, torna-se impossível constantemente averiguar o preço de tudo que é demandado no mundo real, junto com todas as demais informações que ele transmite.

Finalmente, na impossibilidade de realizar o cálculo econômico racional alinhado com a economia real de um determinado sistema (que necessita de preços alinhados com a realidade), não é possível fazer um planejamento econômico – quanto mais um que envolva absolutamente todos os aspectos produtivos de uma sociedade, o que é – em si – a base de uma economia socialista.

A consequência fundamental é que na ausência da possibilidade de se formar preço, o valor monetário atribuído arbitrariamente pelo governo acaba gerando informações errôneas para todo o processo de planejamento econômico, tornando-se impossível agir de acordo com a real valoração de um recurso pela sociedade. É por isso que toda vez que o governo tabela preços de bens de consumo mais relevantes, eles se tornam de difícil acesso, independente de seus graus reais de escassez. E quando tabela preços de bens menos relevantes, somente os mais ricos acabam com acesso.[153] Nas palavras do economista Milton Friedman, "se colocarem o governo para administrar o deserto do Saara, em cinco anos faltará areia".[154]

Em resumo: sem mercado, sem preço. Sem preço, sem cálculo. Sem cálculo, sem planejamento. E sem planejamento, sem socialismo.

A esquerda anda tão curiosa politicamente que não seria impossível logo lançarem um "socialismo de livre mercado" para tentar resolver esse problema.[155]

É irônico que, considerando que os direitos sociais nada mais são do que a garantia jurídica de disponibilização de um recurso para ampla parte da sociedade, o socialismo em si acaba por tornar esse processo impossível de ser coordenado na realidade.

Apesar de essa ser uma análise sobre uma economia geral, a mesma lógica pode ser aplicada para segmentos isolados, a saber o setor de saúde de um determinado país, o qual passaria a ser estatizado a fim de garantir o chamado "direito à saúde". Sem dúvidas, o problema resultante do desencontro das informações reais

---

[153] Vale notar a clássica ineficiência de sanções comerciais, que acabam por prejudicar os mais pobres, em detrimento de uma elite que conseguirá explorar um monopólio que surge com as barreiras desse tipo de ato. Recomenda-se a leitura de: CATALAN, J. M. F. Unitended Consequences of Trade Sanctions. Mises Institute. Disponível em < https://mises.org/library/unintended-consequences-trade-sanctions>

[154] GOODMAN, P. S. The New York Times. A Fresh Look at The Apostle of Free Markets. 13 de abril de 2008.

[155] Com ressalva ao fato de que os modelos de Lange, Lerner, Durbin e Dickinson são parte do que é conhecido como "socialismo de mercado", mas que – em realidade – ainda mantém o sistema centralizador e planejador. Para melhor entendimento, recomenda-se fortemente a obra BARBIERI, Fabio. História do Debate do Cálculo Econômico Socialista. São Paulo: Instituto Ludwig von Mises Brasil, 2013, pp. 89-90.

e das artificiais criadas pelo órgão planejador seriam menores quando comparados com um controle total, mas existiriam de qualquer forma.[156]

Mas qual a razão pela qual seria importante o cálculo econômico para que se alcançasse a eficácia dos ditos direitos sociais? A resposta está na essência de seus inadimplementos. Como explicitado no capítulo anterior, ao contrário dos direitos individuais negativos, os direitos sociais demandam que haja um provimento positivo (prestação) de recursos a favor da população, o que – sob uma ótica socialista – significa que caberia ao governo produzir e, mais importante, alocar esses bens e serviços à disposição do recipiente. Logo, os direitos sociais nada mais são do que um "setor econômico com oferta e demanda" custeado de maneira indireta, para qual – então – decisões de alocação se fazem necessárias.[157]

As primeiras consequências que seguem o problema do cálculo econômico concernem primeiramente a impossibilidade de que se tenha em conta as valorações dos agentes econômicos que intervêm no processo social, dado que se faz necessário que haja um engajamento eficiente para que se atenda um determinado direito social. Logo, a ausência do cálculo em si acaba por trazer graves prejuízos a seu adimplemento.

Em segundo lugar, como descreveu Jesus Huerta de Soto, "o cálculo econômico orienta a ação, no sentido de que indica que tipo de processos produtivos devem ou não ser iniciados, o que é possível através dos indicadores ou dos 'sinais' que as estimativas de perdas e de ganhos realizadas constantemente representam".[158] Em outras palavras, na ausência de preços, é impossível que uma

---

[156] Uma análise da socialização da saúde é apresentada no próximo subtópico.

[157] Pode-se dizer que é de maneira indireta uma vez que os custos de todo esse processo não são percebidos diretamente pelos recipientes como em uma relação normal de mercado, mas sim através de prestações dispersas como taxas e impostos.

[158] DE SOTO, op. cit., p. 153

produção descubra se está tendo "lucro" ou "prejuízo", ou seja, se aquilo que está produzindo, e a maneira como está, é ou não desejável pela sociedade.

Socialistas esquecem que em uma economia capitalista, quem realmente controla os empresários são os consumidores, ao aprovarem (comprarem, e então gerarem lucro) ou reprovarem (causando prejuízo) o que ele está oferecendo. É como se o mercado fosse um grande "sistema democrático", em que cada um real corresponde a um "voto econômico". A diferença é que, ao contrário dos demais, no capitalismo a minoria ainda tem voz, porque aqueles que não possuem mais que a metade do mercado não são excluídos de oferecerem seus produtos e serviços.

Além disso, do ponto de vista puramente econômico, sem o cálculo, as valorações relacionadas com a ação se reduzem ao denominador comum das unidades monetárias, o que, ao fim, afetam de forma generalizada todos os setores de produção, incluindo aqueles responsáveis por prover os recursos necessários à implementação dos direitos sociais.

Uma questão de bom-senso pode surgir ao leitor neste momento: como conseguiu a União Soviética resistir tanto tempo sem que conseguisse auferir preços próximos ao ponto de equilíbrio (realidade), conforme os problemas aqui apresentados? Isso ocorreu, entre outras razões, porque o órgão planejador largamente copiava os preços estabelecidos no mercado negro existente, bem como comparava com aqueles que eram praticados no mundo capitalista ocidental.[159] Ambas fontes de informações que não deveriam existir em um mundo genuinamente socialista.

Se direitos sociais são a tentativa constante de se resolver uma equação econômica, o problema apontado por Mises acaba por impossibilitar que a descoberta

---

[159] BOETTKE, Peter J. Why Perestroika Failed. Routledge. 1993

dos valores de cada uma das variáveis, tornando a resolução absolutamente impossível. Surge o caos, a **terceira premissa** do processo trifásico. Eis a primeira visão sobre a impossibilidade prática e teórica do socialismo.

Para introduzir a perspectiva de Hayek sobre a impraticabilidade do sistema socialista, insta nos valermos de uma nota do brilhante economista norte-americano Thomas Sowell:

> Quando tanto o conhecimento especial, quanto o conhecimento mundano, são contemplados e tidos como conhecimento genuíno, torna-se duvidoso se mesmo a pessoa mais culta do planeta tem sequer uma pequena fração de todo o conhecimento acumulado do mundo, ou mesmo uma pequena fração do conhecimento mais significativo de uma sociedade qualquer.[160]

A concepção do problema identificado por Hayek baseia-se na premissa de que o conhecimento necessário para se planejar um sistema econômico está disperso entre todos nós, e cada indivíduo carrega consigo somente uma pequena fração do total.

Considerando que o socialismo presume que um grupo de pessoas possa de alguma forma dirigir a economia, ele incorreria na chamada "pretensão do conhecimento" ou "arrogância fatal", em um problema apontado pelo mesmo, de raiz eminentemente epistemológica,[161] e que foi apresentado ao mundo no artigo

---

[160] SOWELL, Thomas. Os Intelectuais e a Sociedade. 1ed. 2011. São Paulo: É Realizações Editora.

[161] DE SOTO, op. cit., p. 143

The Use of Knowledge in Society[162] considerado um dos escritos mais importantes e influentes da história das ciências econômicas.

A questão central para esta análise gira em torno do fato de que, em uma sociedade socialista, tudo aquilo que for necessário para os seres humanos deverá ser provido pelo estado, em um verdadeiro desafio matemático de alocação. Essa expressão é aqui usada para denotar uma série de demandas complexas, dinâmicas, voláteis e imprevisíveis que devem ser supridas a todo o tempo.

Para se compreender com clareza, usa-se o seguinte cenário hipotético: uma nação possui um milhão de habitantes, sendo que nela existem em torno de 10 mil professores, em uma estrutura de 1.000 escolas, com uma gráfica oficial do governo para se imprimir os livros e outros materiais, que por sua vez possui 20 mil madeireiros produzindo a matéria-prima das folhas e lápis, e assim por diante. Do outro lado, existem duzentos mil alunos que precisam ser atendidos, os quais são – neste cenário – os recipientes do "direito social à educação". Eis a equação econômica a ser resolvida: tem-se uma determinada soma de recursos que precisam ser alocados de forma a atender uma demanda, sendo que outros precisam ser produzidos a uma certa eficiência, tempo e qualidade.

A mazela denotada por Hayek consiste na premissa de que o conhecimento para se resolver um problema econômico, como o descrito no parágrafo anterior, não pode ser reunido na cabeça de um indivíduo, nas informações de um comitê, nem na administração de um órgão central de planejamento.

Conforme Hayek afirma,

"O caráter peculiar do problema de uma ordem econômica racional é determinado precisamente

---

[162] HAYEK, Friedrich. The Use of Knowledge in Society. The American Economic Review. 1945

> pelo fato de que o conhecimento das circunstâncias de que temos de fazer uso nunca existe sob forma concentrada ou integrada, mas apenas como os pedaços dispersos de conhecimento incompleto e frequentemente contraditório que todos os indivíduos separadamente possuem. O problema econômico da sociedade não é, portanto, meramente um problema de como alocar recursos "dados" – por "dado", entende-se dado a uma única mente que deliberadamente resolve o problema definido por esses "dados". É mais um problema de como garantir o melhor uso dos recursos conhecidos por qualquer um dos membros da sociedade, para fins cuja importância relativa apenas estes indivíduos sabem. Ou, para colocá-lo brevemente, é um problema da utilização do conhecimento que não é dado a qualquer pessoa em sua totalidade."[163]

Assim sendo, pelo fato de que o conhecimento não pode ser reunido a ponto de que um planejamento central ocorra de forma racional, todas as tentativas de alocação e produção de recursos que optem por se basear em um conhecimento centralizado irão, necessariamente, falhar. Incluindo aquelas que precisam estar à disposição de um determinado segmento da sociedade, das necessidades humanas mais básicas.

Essa constatação de Hayek é tão brilhante, que provavelmente seja o mais importante avanço das ciências sociais no século XX, sendo a equiparação para estas do que foi a teoria da relatividade de Einstein para as ciências exatas. A

---

[163] (HAYEK, 1945, tradução nossa)

renomada *American Economic Review* elegeu o artigo em que Hayek introduziu essa teoria como um dos 20 textos mais importantes do seu primeiro centenário.[164] Foi dessa teoria que surgiu a inspiração para Jimmy Wales criar a Wikipedia,[165] que, apesar de todos os problemas, seja talvez um dos maiores[166] e mais bem-sucedidos[167] projetos de conhecimento e informação dos tempos contemporâneos.

Analisando a dispersão do conhecimento de forma mais precisa, uma distinção fundamental apresentada por Lachmann (1986) expande o problema apontado por Hayek, ao considerar não somente o conhecimento como um todo (*stock of knowledge*), mas também o fluxo de informação (*flow of information*) que ele deve percorrer para informar e coordenar todos os atores. A forma e tempo com que o conhecimento se dispersa e informa os indivíduos é essencial, uma vez que o planejamento da ação humana, que irá determinar sua condução em todos os sentidos, é feito em cima dele.[168] Ao colocar um terceiro ente (estado) em todas as relações "econômicas" entre dois indivíduos, o fluxo de informação acaba radicalmente prejudicado.

A eficácia da alocação desses recursos é tida, nas palavras de Hayek, como a racionalidade de uma organização econômica. Assim, a disputa acaba sendo

---

[164] Arrow, Kenneth J., B. Douglas Bernheim, Martin S. Feldstein, Daniel L. McFadden, James M. Poterba, and Robert M. Solow. 2011. "100 Years of the American Economic Review: The Top 20 Articles." American Economic Review, 101(1):

[165] Mangu-Ward, Katherine (June 2007). "Wikipedia and beyond: Jimmy Wales' sprawling vision". Reason. 39 (2). p. 21. October 31, 2008.

[166] Cohen, Noam (February 9, 2014). "Wikipedia vs. the Small Screen". The New York Times.

[167] Grossman, Lev (December 13, 2006). "Time's Person of the Year: You". Time. Time. Retrieved December 26, 2008.

[168] STRYDOM, The economics of information. In: BOETKKE, Peter. The Elgar Companion to Austrian Economics. 1996

entre quem deve fazer o planejamento desse processo: se seria alguém encarregado disso por um governo, disposto então a usar a agressão institucional para garantir a implementação de seu planejamento, ou se a alocação deveria surgir através do que o autor chama de *ordem espontânea*, formada por indivíduos perseguindo seus próprios fins – a clássica descrição de um sistema de livre mercado.

Nesse sentido, faz-se necessário romper com a concepção mais generalizada de origem robbinsiana,[169] segundo a qual o problema econômico consiste na distribuição de recursos, que são escassos, mas conhecidos para fins que já também estariam dados. Em realidade, o conhecimento está disperso em um certo nível em que os próprios indivíduos não detêm informações suficientes sobre suas próprias necessidades e/ou desejos materiais. No chamado "direito social à saúde" isso é gritantemente visível, uma vez que ninguém pode fazer sequer o próprio planejamento dos recursos que serão necessários para manter sua saúde durante sua própria vida com precisão, quanto mais em relação à vida dos outros.

As principais consequências causadas pelos problemas acima enumerados ocorrem em razão de uma falha na possibilidade de transmissão de conhecimento entre os agentes econômicos (coordenação), o que causa desencontro entre uma oferta induzida e uma demanda existente (descoordenação econômica). Considerando setores como saúde, educação, alimentação, moradia, etc., esse desencontro e ineficiência na produção e alocação de recursos acaba por – em realidade – produzir, juridicamente, graves violações à sociedade, especialmente à implementação da segunda geração dos direitos humanos. Entre uma escassez de carros (para nomear um dos primeiros problemas que ocorrem quando se é adotado um regime de economia socialista) e uma de medicamentos, certamente a última possui maior relevância para qualquer sociedade.

---

[169] DE SOTO, op. cit., p. 155

Importante notar que não só intervenções governamentais, na tentativa de transformar produtos e serviços em "direitos", causam os problemas de disfunção econômica aqui citados. Toda e qualquer intervenção governamental provoca efeitos adversos na grande rede de informações que conecta toda a sociedade: o sistema de formação de preços pelo mercado. Inclusive um regime em que o governo controla todos os recursos que oficialmente seriam propriedade privada (por exemplo, no modelo nazista de *Zwangswirtschaft*).[170]

Em suma, o mercado está para os neurônios de uma pessoa, da mesma forma que os preços são os impulsos elétricos e o governo é o Alzheimer.

Vale novamente responder à pergunta de se não teria um problema como os apontados por Mises e Hayek sido percebidos mais rapidamente na União Soviética, que somente caiu sete décadas depois. Não só essas mazelas foram notadas, como os problemas econômicos advindo delas forçaram o planejamento soviético a abandonar o modelo radical já em 1922, através da NEP, "*New Economic Policy*". Lenin havia notado a impossibilidade de se operar no sistema socialista, e então propôs uma grande reforma que "liberalizou" de forma muito tímida alguns aspectos da economia, mantendo ainda todo o controle dela nas mãos do estado. Obviamente o programa não deu certo, e a culpa foi mais uma vez colocada na liberdade, fazendo com que Stalin a abortasse em 1928. Isso é também explicado pelo ciclo humanitário que será descrito no capítulo IV deste livro.

O pesquisador norte-americano Peter Boettke esclarece que essa mudança advinda da NEP no sistema econômico substituiu um completo e total socialismo por uma economia intervencionista pesada, empurrando a dissolução do sistema até os anos 80 (junto com todo o aparelho repressivo).[171] A União Soviética começou a estabelecer preços através de um sistema que, de uma parte copiava aqueles

---

[170] IKEDA (1997), op. cit., p. 97

[171] BOETTKE, op. cit.,

praticados no ocidente capitalista; e do outro usava o esquema de espionagem da KGB para tentar equipará-los aos usados no mercado negro ilegal existente dentro da própria URSS. Irônico.

Assim sendo, em virtude dos dois problemas acima apresentados, os chamados "direitos sociais" são inevitavelmente afetados em suas implementações, uma vez serem um problema econômico de produção e alocação de recursos que está sujeito à necessidade de transmissão de informação e conhecimento para que o processo seja realizado com eficiência. Em conclusão, esse problema advém tanto da artificialidade induzida através de uma "bola-de-neve", conforme apontado por Mises, como por um problema do conhecimento e sua dispersão, consoante denotado por Hayek. Passa-se agora a analisar evidências empíricas que corroboram essas asserções teóricas.

As evidências do processo do caos gerado pelo socialismo

Existe uma correlação evidente entre a adoção de um regime de economia socialista e uma má performance nas principais áreas assistidas pelos ditos direitos sociais e da economia em geral. Para que se possa fazer uma demonstração da causalidade existente nesse fenômeno, descrita aprioristicamente acima, analisemos alguns fatos históricos.

A principal evidência de que o problema econômico apresentado não consegue ser resolvido em uma economia socialista é a inerente e constante escassez de recursos disponíveis à população. De fato, os *shortages* (termo usado na linguagem científica internacional para escassez de bens) foram o maior problema econômico da história da União Soviética. Isso levou, inclusive, a uma (infame) piada do falecido presidente americano, Ronald Reagan: "o processo de comprar um carro na União Soviética é muito demorado, primeiro você precisa fazer o pagamento, e somente depois de um enorme processo, normalmente 10 anos, a pessoa recebe ele. Um dia um homem colocou o dinheiro à mesa, e o funcionário lhe disse 'volte em 10 anos para pegar seu carro'. O homem respondeu 'durante a manhã ou à tarde?'. O funcionário espantado retrucou: 'são daqui 10 anos, que diferença faz!?', para que o homem lhe confessou: 'bem, o encanador virá na manhã'."

Evidências apontam que desde o ano de 1921, houve racionamento de comida dentro da URSS. Inclusive nos últimos dez anos de sua existência, a escassez, o racionamento de comida, as longas filas para compras e a pobreza aguda eram endêmicos.[172] No início a culpa dessas falhas era atribuída ao caos gerado pela guerra civil, e não pelo sistema em si. O direito à alimentação jamais conseguiu ser adimplido. A descoordenação econômica era tanta que nos anos 80, antes do fim do regime econômico, somente a Ucrânia, a Bielorrússia e o Cazaquistão produziam mais do que consumiam em carne, leite, grãos, batatas e vegetais,[173] algo que não seria problemático caso essas sociedades fossem voltadas ao comércio, e então não-socialistas. A Rússia possuía um déficit em todos esses produtos. Péssimo para o sistema que advogava ter revolucionado a humanidade.

Na área da saúde não foi diferente. Um relatório publicado por Mark Adomanis listou uma série de fatores que descrevem a forma estatizada em que um sistema de saúde funcionava na União Soviética.[174] Todos os médicos, enfermeiros

---

[172] ARON, Leon. Everything You Think You Know About the Collapse of the Soviet Union Is Wrong: And why it matters today in a new age of revolution. Foreign Policy Magazine, 2011. Disponível em <http://www.foreignpolicy.com/articles/2011/06/20/everything_you_think_you_know_about_the_collapse_of_the_soviet_union_is_wrong> Acesso em: 2 de nov. 2014.

[173] ESTADOS UNIDOS DA AMÉRICA. Central Intelligence Agency. Soviet Food Shortages: Making the History of 1989, Item #182. Disponível em <http://chnm.gmu.edu/1989/items/show/182> Acesso em: 2 nov. 2014.

[174] ADOMANIS, Mark. Think Obamacare Is Socialized Medicine? 5 Things You Should Know About Soviet Healthcare. 2013. Disponível em: <http://www.forbes.com/sites/markadomanis/2013/09/25/think-obamacare-is-socialized-medicine-5-things-you-should-know-about-soviet-healthcare/> Acesso em: 2 nov. 2014.

e outros profissionais na saúde, e todos os hospitais e clínicas, eram de propriedade tão somente do estado. Qualquer serviço de saúde privado era ilegal.

Como resultado da descoordenação econômica, a cada cinco anos era apresentado um plano de gastos na saúde, diminuindo o número de cirurgias disponíveis e também de medicação; os salários na área de saúde eram menores que a média dos outros trabalhadores; a área de saúde correspondia a menos de 3% do PIB. Isso acaba se encaixando com as visões filosóficas de Marx e Anton Menger apresentadas no capítulo anterior, no sentido de que os recursos necessários à manutenção da vida e existência dos trabalhadores seriam sempre condicionados ao que o estado conseguisse produzir através de sua economia socialista.

Segundo estudos da Universidade da Califórnia de São Francisco, logo após o fim da economia de guerra, e especialmente depois dos anos 60, a saúde entrou em absoluto colapso, junto com a diminuição cada vez maior na qualidade de vida.[175] A única forma de se manter o socialismo era controlando a revolta da população, através de um estado extremamente totalitário.

Isso corrobora as deduções econômicas apresentadas no capítulo anterior. Nas palavras de um teórico econômico espanhol:

> "O socialismo provoca um grave problema de escassez generalizada em todos os níveis sociais. A principal razão para este fenômeno reside no fato de a coerção institucional eliminar na origem a possibilidade de a enorme força do engenho empresarial humano se dedicar sistematicamente a descobrir os estados de escassez bem como de procurar novas e

---

[175] UNIVERSITY OF CALIFORNIA SAN FRANCISCO. Health and Health Care in Russia and the Former Soviet Union. Disponível em <http://meded.ucsf.edu/gh/health-and-health-care-russia-and-former-soviet-union> Acesso em: 2 nov. 2014.

mais eficazes formas de eliminá-los. Por último, os erros na distribuição de recursos se tornam especialmente graves no que se refere à mão de obra, que tende a ser sistematicamente mal-empregada, o que provoca um elevado volume de desemprego, mais ou menos encoberto dependendo do tipo específico de socialismo em questão. Este é um dos mais típicos resultados da coerção institucional sobre o exercício da função empresarial no âmbito dos processos sociais relacionados com o mundo laboral."[176]

Interessante também é o fato de que muitos países ocidentais, com destaque aos escandinavos, adotam centralizações econômicas em áreas como saúde, previdência social e educação, ainda que no amplo espectro possuam uma economia de mercado com altos índices de respeito à propriedade privada e com normas trabalhistas relativamente menos interventoras.[177] A diferença principal entre esses dois modelos está no fato de que, ao contrário das economias escandinavas, no socialismo o estado está presente pesadamente sobre o setor, não permitindo qualquer ato de função empresarial que fuja ao controle do órgão planejador. Mesmo assim, quando se compara mais a fundo do que o IDH mede os resultados efetivos e reais desses países, nota-se que eles possuem pior qualidade de vida e riqueza do que os cidadãos norte-americanos,[178] que possuem majoritariamente um sistema privado de educação e saúde.[179]

---

[176] DE SOTO, op. cit., p. 90

[177] HERITAGE FOUNDATION. Index of Economic Freedom. Washington, DC., 2013.

[178] MCMAKEN, Ryan. If Sweden and Germany Became US States, They Would be Among the Poorest States. Mises Institute. Outubro de 2015. Disponível em <https://mises.org/blog/if-sweden-and-germany-became-us-states-they-would-be-among-poorest-states>

[179] LEITE, D. L. Mentiram para você sobre o sistema de saúde dos Estados Unidos. Instituto Mercado Popular. Setembro de 2015.

A mesma situação que se tem com o direito à saúde ocorre com os outros direitos sociais. Os níveis de acesso e – principalmente – qualidade de moradia, educação e vestimenta são gritantes quando se compara os países de economia socialista aos de economia de mercado, em um mesmo período. Tudo isso tão somente se considerando o impacto das aplicações no geral.

Para os regimes de implementação gradual de socialismo, antes da abolição da propriedade privada (ou do controle total dela no *Hindenburg pattern*), e da centralização e planejamento da economia, as ações interventoras sobre a ação humana que mais causam danos ao sistema de sinais e conhecimentos econômicos (*price system*) são, respectivamente, da maior para a menor: manipulação monetária, controle de preços, restrições produtivas e controle "qualitativo".[180]

Em si, o próprio regime baseado tão somente na premissa de direitos humanos como caráter social, a fim de se estabelecer uma economia socialista, não consegue persistir. Os problemas de alocação de recursos não deixam negar que, independente dos valores éticos que se possa imprimir, a educação, a saúde, a moradia, etc., continuarão sendo mercadorias (bens cuja provisão depende de decisões de alocação) e, assim, estarão sujeitas a todos os problemas econômicos inerentes à centralização de uma economia.

---

[180] IKEDA, op. cit., pp. 161-164

Capítulo 3.2

A segunda fase: a crise totalitária

O homem de sistema é frequentemente tão enamorado com a suposta beleza do seu próprio plano ideal de governo, que ele não pode sofrer o menor desvio de qualquer parte dele. Ele age no sentido de implementá-lo completamente, e em todas as suas partes, sem qualquer consideração seja aos grandes interesses ou aos fortes preconceitos que possam se opor a ele. Ele imagina que pode arranjar os diferentes membros de uma grande sociedade com tanta facilidade quanto a mão que arranja as diferentes peças em um tabuleiro de xadrez. Ele não considera que tais peças não têm outro princípio de movimento além daquele que a mão impõe sobre elas; mas que, no grande tabuleiro da sociedade humana, cada peça individual tem um princípio de movimento próprio, inteiramente diferente daquele que a legislação possa escolher impor sobre ela.[181] Adam Smith,

Teoria dos Sentimentos Morais (1759)

---

[181] Na versão inglesa original: *The man of system, on the contrary, is apt to be very wise in his own conceit; and is often so enamoured with the supposed beauty of his own ideal plan of government, that he cannot suffer the smallest deviation from any part of it. He goes on to establish it completely and in all its parts, without any regard either to the great interests, or to the strong prejudices which may oppose it. He seems to imagine that he can arrange the different members of a great society with as much ease as the hand arranges the different pieces upon a chess-board. He does not consider that the pieces upon the chess-board have no other principle of motion besides that which the hand impresses upon them; but that, in the great chess- board of human society, every single piece has a principle of motion of its own, altogether different from that which the legislature might chuse to impress upon it.* (Smith, A. The Theory of Moral Sentiments. 1759)

No tópico anterior vislumbrou-se a primeira consequência do socialismo: o desencontro entre a produção e alocação de bens em relação às demandas de recursos econômicos de uma determinada sociedade. Essa crise socioeconômica que advém de um caos pode ser cientificamente tratada como descoordenação ou desajuste social generalizado, uma vez que afeta todas as áreas da economia, com ênfase especial àquelas mais importantes à sobrevivência humana, as quais, conforme visto anteriormente, estariam "garantidas" pelos ditos "direitos sociais".

Após vermos porquê o socialismo sempre conduzirá uma sociedade à pobreza e à miséria econômica, vislumbraremos neste capítulo a razão pela qual ele sempre leva necessariamente ao totalitarismo. E isso não é só porque Marx adotou a expressão "ditadura do proletariado" para descrever o sistema político vigente em uma sociedade desse tipo.

Nesse sentido, de acordo com Hayek, os autores franceses que lançaram as bases do socialismo moderno não tinham dúvida de que suas ideias só poderiam ser postas em prática por um forte governo ditatorial.[182] O socialismo nasce com sangue totalitário. O problema é que esse sangue é dos outros, que não de sua classe dirigente.

Este capítulo analisará como o fenômeno econômico prossegue e então se relaciona com a violação dos direitos individuais de primeira geração, também chamamos de direitos civis e políticos.

Por fenômeno totalitário deve se entender o crescente papel do estado na vida das pessoas, não só como grande intervencionista econômico, mas também como um verdadeiro substituto em todas as decisões da vida das pessoas.

A descoordenação social e econômica, provocada pelos problemas inerentes a uma economia socialista, produz um verdadeiro desajuste social, o que acaba

---

[182] HAYEK, 2010, op. cit., p. 47

por ocasionar diversos efeitos que afetam diretamente a implementação de alguns dos chamados direitos individuais de primeira geração ou dimensão.

Analisaremos, nesta fase, as evidências empíricas juntamente com a identificação lógica dos próprios fenômenos, apontando exemplos reconhecidos pela comunidade internacional de violações aos direitos humanos, que acompanharam a implementação de um regime socialista sobre a economia.

O desajuste social generalizado como preparação para o totalitarismo

A primeira consequência do estabelecimento de um sistema socialista é o aparecimento de uma descoordenação ou desajuste social generalizado. Esse efeito é caracterizado pela ação contraditória de múltiplos agentes econômicos, que não conseguem disciplinar o seu comportamento em função do que os outros fazem, e nem podem entender que – em realidade – estão cometendo erros, uma vez que a informação e o conhecimento econômico que foram reunidos pelo governo em seu órgão de planejamento central estão impedindo que a economia funcione de acordo com a precificação resultante das valorações subjetivas dos agentes.

Em si, dado que o planejador central está tentando coordenar a economia em consonância com seu conhecimento limitado, um número significativo de ações humanas não será bem-sucedida, impedindo então o ajuste constante da economia às dinâmicas necessidades humanas. De fato, esse desencontro de planos ou descoordenação generalizada vai afetando diretamente todos os aspectos da vida social.

Essa desordem social encaminha o governo ao totalitarismo, entregando constantemente aos governantes uma justificativa para aumentar seus poderes e controles sobre a sociedade. Não é coincidência que todos os políticos populistas e autoritários do mundo são adeptos do modelo econômico socialista, ainda que sob diferentes graus e terminologias. Eles acreditam possuir, ou poder conhecer, uma maneira de corrigir todos os problemas sociais existentes, por mais complexos que possam ser.

O problema acaba se revelando muito pior, pois quanto maior o grau de socialismo, mais complicado se torna identificar o que está errado. Conforme escreveu De Soto:

> "Nesse sentido, a generalizada descoordenação no âmbito social é muitas vezes utilizada como um pretexto para justificar doses ulteriores de socialismo, ou seja, de agressão institucional, em novas áreas da vida em sociedade ou com um nível de profundidade e de controle ainda maiores. Isto só costuma acontecer porque, embora o órgão diretor não seja capaz de entender em detalhes as ações contraditórias e desajustadas que a sua intervenção provoca em concreto, mais cedo ou mais tarde se torna evidente que o processo social em geral não funciona. A partir da sua limitadíssima capacidade de valorização, o órgão diretor interpreta esta circunstância como um resultado lógico da "falta de colaboração" dos cidadãos que não querem cumprir corretamente os seus mandatos e ordens, pelo que estes se tornam cada vez mais amplos, detalhados e coercivos. Este aumento do grau de socialismo provocará uma descoordenação ou um desajuste ainda maior no processo social, que se utilizará para justificar novas "doses" de socialismo, e assim sucessivamente. Explica-se

> desta forma a irresistível tendência do socialismo para o totalitarismo, entendido este como o regime que tende a "exercer uma forte intervenção em todas as áreas da vida."

Como a economia é um processo dinâmico, os erros acabam formando um problema que cresce exponencialmente e sobre si. Assim, os responsáveis pelos órgãos de planejamento, que necessariamente têm de usar a coerção estatal para tentar manter a economia conforme suas visões, perdem a capacidade de identificar e explicar as razões pelas quais seu engenho social não funciona, produzindo resultados cada vez piores em decorrência de suas ações econômicas. A crise se aprofunda, e então também o totalitarismo.

Mercado paralelo e a reação socialista

O resultado desses desacertos é uma economia que acaba piorando, fazendo com que a população não consiga cumprir as ordens dadas pelo órgão planejador. Como resultado, o governo, que não pretende abandonar o modelo socialista em detrimento de uma economia de mercado, vê-se obrigado a usar sua única arma para tentar "colocar em ordem" suas diretrizes: coerção.

Em outras palavras, uma vez que o estado vê que suas medidas de gerenciamento econômico não estão sendo efetivas, ele começa gradativamente a aumentar o nível e a severidade da coerção usada, o que resulta em um regime mais intrusivo, punitivo e restritivo.

Como consequência necessária, o regime irá tolher cada vez mais as liberdades individuais, caminhando então para um regime superpoderoso em todas as áreas da vida humana, o qual aqui chamaremos de estado totalitário.

A liberdade torna-se inimiga do órgão planejador. Nesse sentido, de acordo com Hayek, os primeiros pensadores socialistas franceses já consideravam a liberdade de pensamento a origem de todos os males da sociedade do século XIX.[183]

Persistem evidências históricas de que o totalitarismo estatal se mostra necessário para a implementação de uma economia centralizada pelo estado. Descreve-se que "um dia, após anos de combate, [quando] os exércitos estrangeiros chegaram à Alemanha, [eles] procuraram conservar esse sistema econômico de direção governamental [(socialismo)]; mas para isso teria sido necessária a brutalidade de Hitler. Sem ela, o sistema não funcion[aria]."[184]

A escassez gera a falta de recursos básicos à população. No intento de coibir a ação humana de sobrevivência, que acaba lutando contra os problemas econômicos resultantes da centralização da economia, o governo acaba por aumentar seu poder punitivo toda vez que considera necessário.

Em outubro de 1946, um decreto do governo soviético ordenou que todos os casos de furto em um prazo de dez dias fossem submetidos a uma severa lei de punição. Como consequência, um mês depois, mais de 53.300 pessoas, em sua maioria kolkhozianos (camponeses soviéticos), foram julgados e condenados a pesadas penas, em campo de concentração, por roubo de espiga de milho ou de pão.[185]

Além disso, com a descoordenação econômica, nem os próprios produtores conseguiam atingir as metas estipuladas pelo órgão planejador. Milhares de presidentes de kolkhozes foram presos por "sabotagem da campanha de coleta".

---

[183] HAYEK, 2010, op. cit., des.

[184] MISES, 2009, op. cit., p. 54

[185] COURTOIS, Stephan. The Black Book of Communism: crimes, terror, repression. Cambridge: Harvard University Press, 1999.

Durante dois meses em 1946, a realização da colheita passou do plano de 36% a 77%, por força das repressivas ações do estado.[186]

O próprio processo democrático vai sendo deformado, como visto na Venezuela, em que – para lutar na eminente "guerra econômica" – o Congresso aprovou a chamada Lei Habilitante (*Ley Habilitante*), que permitiu ao presidente do país intervir na economia sem qualquer aprovação do legislativo.[187] Mais do que isso, o referido ato permite ao chefe do poder executivo venezuelano emitir decretos com força de lei – inclusive em direito penal. Ou seja, o presidente da Venezuela, sob essa lei, pode definir monocraticamente o que será crime, quais serão as punições e o como o processo criminal será conduzido. Se isso não é uma ditadura, não há o que seja.

Esse processo de desordem e de "endurecimento" do regime, combinado com os problemas socioeconômicos em curva exponencialmente crescente, levam ao surgimento de uma economia oculta: um verdadeiro mercado paralelo e informal, em que os indivíduos são forçados a recorrer para terem acesso aos bens necessários à sua sobrevivência ou bem-estar. Essa é a **quarta premissa** do processo trifásico.

Esse mercado paralelo que surge em meio à sociedade, novamente, leva o regime a endurecer ainda mais as regras. Nesse momento, para que o governo continue tentando levar a cabo seu planejamento econômico, o mero aumento punitivo de suas coerções institucionais não é suficiente. Para que ele consiga sequer iniciar a punição aos agentes, forçados a adentrar essa economia subterrânea, o estado começa a aderir a violações de liberdades individuais como a privacidade de correspondência e comunicação, a liberdade de imprensa e de expressão, etc.

---

[186] Ibid.

[187] Nos escritos da referida lei, "Establecer mecanismos estratégicos de lucha contra aquellas potencias extranjeras que pretendan destruir la Patria en lo económico, político y mediático." REPUBLICA BOLIVARIANA DE LA VENEZUELA. Ley Habilitante. Disponível em < http://www.asambleanacional.gob.ve/uploads/documentos/doc_5180d31b1edfd-c408094225928f74ea0d993fcdb.pdf > Acesso em: 20 out. 2014

Evidência disso é o relatório da *NGO Press and Society Institute* (IPYS), que notou que o governo venezuelano cometeu 254 violações do direito à liberdade de expressão nos primeiros seis meses de 2013, o que representou um aumento de 68% em relação ao mesmo período em 2012.[188] Foi nesse período que se viu um maior aprofundamento do estado venezuelano sobre a economia.

É nesse mesmo momento que a coerção usada pelo governo começa a ultrapassar o nível institucional e seus órgãos são usados para tentar combater esse mercado paralelo de todas as formas, caracterizando a **quinta premissa** do processo trifásico. Assim sendo, notou-se na história, e conforme se verá a seguir, que regimes iniciam campanhas para que a própria sociedade comece a atacar os agentes que se engajam nessa economia oculta. Esse é o instante em que governos começam a plantar um discurso de ódio, que será levado a cabo na terceira fase do processo trifásico.

Outro dos direitos humanos normalmente afetado em uma tentativa do governo socialista de salvar a economia é a liberdade do indivíduo de sair de seu próprio país, estabelecido inclusive em instrumentos internacionais.[189] Conforme o Comitê de Direitos Humanos da ONU, "liberdade de deixar o território de um estado não pode ser dependente de qualquer propósito específico ou no período de tempo que o indivíduo escolhe para ficar fora do país."[190]

---

[188] ESTADOS UNIDOS DA AMÉRICA. US State Department. 2013 Human Rights Reports. In: Venezuela Disponível em <http://www.state.gov/j/drl/rls/hrrpt/humanrightsreport/index.htm#wrapper> Acesso em: 25 out. 2014.

[189] ORGANIZAÇÃO DAS NAÇÕES UNIDAS. Pacto International dos Direitos Civis e Políticos. International Covenant on Civil and Political Rights. Disponível em: <http://www.ohchr.org/en/professionalinterest/pages/ccpr.aspx> Acesso em: 29 set. 2014

[190] ORGANIZAÇÃO DAS NAÇÕES UNIDAS. UN Human Rights Committee (HRC), CCPR General Comment No. 27: Article 12 (Freedom of Movement), 2 November 1999, CCPR/C/21/Rev.1/Add.9. Disponível em: <http://www.refworld.org/139c394docid/45.html> Acesso em 31 out. 2014. Tradução nossa)

Como a repressão não consegue ser efetiva, o governo vai buscar uma alternativa para evitar que as pessoas se engajem no regime de mercado que surgiu paralelamente em decorrência dos problemas socioeconômicos. Nesse sentido, começa uma investida na prevenção sobre a ação da população. A repressão não será apenas punitiva. O estado começa a inverter completamente a lógica de ação, o objetivo agora é prevenir, até que se chegue a uma completa inversão do princípio de que todos são inocentes até que se prove o contrário.

Para obter uma eficiência tão grande sobre ações que não são tecnicamente consideradas crimes,[191] o estado vai buscar, então, aprofundar o aparato de controle preventivo, o que se dá através de uma intrusividade desumana, destruindo inclusive os conceitos de família e religião.

Foi por isso que, para aumentar a fiscalização e prevenção sobre a ação humana, em 1935, Stalin sancionou um decreto que determinava que pessoas de 12 anos ou mais possuíam a responsabilidade de denunciar "traições" ao regime, ainda que cometidas pelos seus próprios pais. De forma similar, fora editada lei, em 1944, pelos nazistas na Alemanha de Hitler.

Em decorrência de tal processo, o indivíduo acaba por ficar desamparado frente ao aparato estatal, de forma que o próprio estado se transforma em uma religião. Isso é notável em regimes como a Coreia do Norte, em que demonstrações públicas de afeto ao ditador em poder assemelham-se aos maiores cultos das principais religiões que a humanidade já conheceu. O processo de adoração a Hitler, Lenin, Stalin ou Chávez também não é diferente. Qualquer distração que o estado socialista possa oferecer, e que motive a população desesperada em meio à crise socioeconômica, é válida aos governantes. Socialismo é o maior processo já conhecido de exploração do sofrimento alheio na história da humanidade.

---

[191] No sentido filosófico clássico liberal de que só pode haver um crime se houver uma vítima.

Em outro campo de liberdade individual, com o intuito de tentar controlar a imagem institucional, o governo é forçado a intervir diretamente na manifestação das pessoas. Visando preservar a autoridade do estado, a Venezuela, durante 2013, aplicou uma norma que tornou um crime punível com prisão inafiançável de seis a trinta meses o ato de proferir insultos ao presidente. Tal fato foi considerado pela comunidade internacional como uma violação à liberdade de expressão.[192] Mais tarde, a divulgação de dados macroeconômicos não autorizados pelo governo, como inflação, foi sujeita a penas similares, incluindo-as como atividades contrarrevolucionárias. Soma-se a isso a previsão de que "reportagens não acuradas", que possam perturbar a "paz pública", são igualmente puníveis com prisão – de dois a cinco anos – sendo que a definição mais exata é considerada como aberta à motivação política.[193] A reforma chavista do Código Penal, ocorrido em 2005, afetou inclusive o direito de associação, aplicando penalidades estritas para alguns tipos de demonstrações e protestos públicos.

Três estudos independentes realizados em 1997,[194] 2003[195] e 2005,[196] respectivamente, encontraram uma forte ligação entre o sentimento anticapitalista e intolerância racial e preconceitos, demonstrando como o socialismo acaba por prejudicar moralmente uma sociedade. Essas conclusões vão de encontro com o estudo realizado por Ian Vásquez e Tanja Porčnik, que encontrou uma forte correlação entre capitalismo e liberdades

---

[192] ESTADOS UNIDOS DA AMÉRICA. US State Department. 2013 Human Rights Reports. In: Venezuela Disponível em <http://www.state.gov/j/drl/rls/hrrpt/humanrightsreport/index.htm#wrapper> Acesso em: 25 out. de 2014.

[193] Ibid.

[194] Granzin, Kent L., Jeffrey D. Brazell and John J. Painter (1997). An Examination of Influences Leading to Americans' Endorsement of the Policy of Free Trade, Journal of Public Policy & Marketing. 16: 93–109

[195] Weiss, Hilde (2003). A Cross-National Comparison of Nationalism in Austria, the Czech and Slovac Republics, Hungary, and Poland, Political Psychology. 24: 377–401.

[196] Mayda, Anna M. and Dani Rodrik (2005). Why Are Some People (and Countries) More Protectionist than Others? European Economic Review. 49: 1393–1430

pessoais.[197] O processo todo ajuda a ilustrar a indivisibilidade das liberdades: a impossibilidade de haver liberdade civil sem liberdade econômica (capitalismo). Como disse Hayek em O Caminho da Servidão, o controle dos meios resulta no controle dos fins.[198]

A destruição do ordenamento jurídico

> — *"Eu acho", diz Ivan a Volodya,*
> *"que nós [Rússia] somos o país*
> *mais rico do mundo!"*
>
> — *"Por quê?", pergunta Volodya.*
>
> — *"Porque por quase 60 anos todo*
> *mundo tem roubado do estado, e*
> *ainda tem algo a ser roubado."*
>
> SMITH H., The Russians (1976)

Ainda nesta fase, o ordenamento jurídico também, em si, é diretamente afetado pela descoordenação econômica. Todo o arcabouço de normas e regulamentos elegidos pelo governo, com o intuito de colocar em prática o planejamento central da economia, começa a resultar no desaparecimento do conceito tradicional de lei e justiça que outrora fora estabelecido.

---

[197] Capitalismo sendo entendido como Liberdade econômica. Ver mais em: https://object.cato.org/sites/cato.org/files/human-freedom-index-files/human-freedom-index-2016.pdf

[198] HAYEK, 2012, op. cit.

De fato, para não abandonar a economia socialista, esse órgão diretor ganha cada vez mais força, a fim de conseguir moldar o comportamento individual de acordo com os papéis entendidos pelo governo. Logo, há repercussão em todo o sistema jurídico, pois a sensação de ineficácia e inoperância se espraia por outras áreas, não necessariamente econômicas.

Em novembro de 1918, Lenin substituiu todo o sistema judiciário por "tribunais revolucionários", a fim de adimplir "a consciência do proletariado e o dever revolucionário". Mais ou menos no mesmo ideal que objetiva hoje os magistrados da Justiça do Trabalho no Brasil. "Comissionários do povo" passavam pelas ruas atirando e prendendo cidadãos suspeitos de não cumprir o regimento político e econômico.[199] Maxim Gorky relata que um aliado de Lenin declarou publicamente que "para o bem do povo russo, seria certo matar um milhão."[200] Essa deturpação da justiça não ocorreu somente em episódios isolados. Até no final do regime soviético, em 1985, internações psiquiátricas judiciais começaram a ser usadas para quem discordasse da "consciência econômica necessária".[201] Não há limites na tentativa de impor o planejamento econômico do governo.

Soma-se a isso a formação e o crescimento da corrupção. Isso decorre em razão de que os indivíduos que não conseguiram obter o poder sob o regime socialista, veem-se forçados a dedicar uma parcela significativa de suas atividades para tentar desviar, modificar ou evitar as consequências mais danosas ou radicais das ordens e coerções empregadas pelo estado. Nesse momento, então, inicia-se a

---

[199] JOHNS, Michael. Seventy Years of Evil: Soviet Crimes from Lenin to Gorbachev. Policy Review Magazine. The Heritage Foundation, 1987.

[200] Ibid., p. 11

[201] Ibid., p. 21

concessão de privilégios, vantagens ou determinados bens e serviços às pessoas encarregadas de controlar, vigiar e fazer cumprir as leis.[202]

Esse fato foi igualmente notado na Venezuela, em que o índice de corrupção despencou de 2.6, em 1999, quando Chávez chegou ao poder, para 2.0, em 2013, em uma escala em que 10 significa nível absoluto de transparência e zero, nível absoluto de corrupção.[203] O mesmo ocorre em outros regimes que adotaram um modelo de economia socialista, como a Coreia do Norte, que registrou um índice de 0.8 em 2013.[204]

Contudo, as evidências não se limitam a apontar a relação entre o aumento do socialismo com corrupção somente em exemplos específicos. Um estudo realizado em 2003 e publicado no Jornal Europeu de Política Econômica, concluiu que,[205] em geral, existe uma forte relação entre liberdade econômica e menos corrupção. Países com menos liberdade econômica – com regimes economicamente

---

[202] Conforme De Soto, "Esta atividade corruptora é uma atividade de aspecto defensivo, pois funciona como uma verdadeira «válvula de escape» e permite uma certa diminuição do dano social provocado pelo socialismo, podendo ter o efeito positivo de tornar possível a manutenção de vínculos sociais minimamente coordenadores, mesmo nos casos mais graves de agressão socialista. Em todo o caso, a corrupção ou o perverso desvio da função empresarial que estamos a comentar terá, como corretamente indica Kirzner, um caráter sempre supérfluo e redundante." DE SOTO, op. cit., p. 97

[203] TRANSPARENCY INTERNATIONAL. The Corruption Perceptions Index. 2013. Disponível em <http://www.transparency.org/research/cpi/overview> Acesso em: 2 nov. 2014.

[204] Ibid.

[205] GRAEFF, P. The impact of economic freedom on corruption: different patterns for rich and poor countries. European Journal of Political Economy. Vol. 19, 2003. P. 605-620. Disponível em <https://campus.fsu.edu/bbcswebdav/orgs/econ_office_org/Institutions_Reading_List/17._Corruption_and_Economic_Performance/Graeff,_P._and_G._Mehlkop-_The_Impact_of_Economic_Freedom_on_Corruption%3B_Different_Patterns_for_Rich_and_Poor_Countries> Acesso em: 26 out. 2014.

mais centralizados e, logo, mais próximos ao socialismo – possuem de forma consistente e histórica maiores níveis de corrupção.[206]

Esse processo de destruição do *rule of law* também ocorre através do que Hans Sennholz chama de "janela de transferência de benefícios". Trata-se de um forte incentivo à corrupção gerado pelo próprio sistema. Uma vez que o mercado paralelo criado como reação ao sistema socialista prospera, algumas pessoas começam a acumular riquezas de forma ilegal. Como consequência, elas têm o incentivo de transpor esses ganhos para a legalidade, avançando-se então sobre a classe dirigente, que rapidamente se torna igualmente corrupta, muitas vezes também precisando recorrer ao mercado paralelo para conseguir bens e serviços que julga necessário.

Outro fator que expande a corrupção é quando o preço de bens e serviços oferecidos no mercado paralelo é mais condizente com a valoração real dada pela sociedade (e consequentemente do ponto de equilíbrio). Isso é explicado pelo problema do cálculo econômico sob o socialismo, de Mises, já vislumbrado no capítulo anterior. Como bens são legalmente forçados a serem vendidos por preços arbitrários, estipulados pelo conhecimento limitado e artificial do órgão planejador, eventualmente alguns deles serão mais valorizados em precificação no mercado paralelo do que na economia legal, forçando um "desvio de produção". Um caso desse tipo foi relatado à Universidade de Harvard em 1977, por John Kramer:

> "A escassez generalizada de bens e serviços rurais fez com que muitos oficiais do regime Soviético desviassem o que restava para o mercado negro, uma vez que os valores desses produtos de compra e venda eram substancialmente maiores. Essas operações ilegais envolviam grandes grupos.

---

[206] Importante destacar que o estudo também conclui que alguns tipos de regulação diminuem corrupção, não constituindo assim uma defesa intransponível de uma economia *laissez-faire*, ao menos em relação aos dados analisados. Igualmente, o estudo também concluiu que a correlação é afetada dependendo da riqueza e da pobreza do país em questão.

Logo, oficiais corruptos da Armenian Choral Society usavam insumos adquiridos no mercado paralelo para produzir produtos que valiam nove milhões de rublos soviéticos, desde móveis até pasta de dentes."[207]

É neste momento, também, que surgem ideias que buscam relativizar o conceito de *justiça*. Na China, houve uma tentativa de "democratização" dos tribunais, em que a população era convidada a ir a julgamentos públicos com o objetivo de escolher os "contrarrevolucionários" que seriam condenados a morte. Nesses episódios, pessoas eram massacradas na frente de suas famílias, que eram então forçadas a comer a carne de seus entes assassinados pelo regime comunista chinês.[208] Tais episódios, também registrados no regime comunista do Camboja, ficaram conhecidos como "canibalismo de vingança" (*vengeful cannibalism*). O terror e a brutalidade total serviam para exemplificar o que aconteceria com aqueles que se revoltassem contra os planos do governo.

Se fosse possível buscar uma ordem ou padrão do avanço estatal sobre as liberdades civis durante a segunda fase do processo trifásico, poder-se-ia dizer que a repressão se inicia pelo

   a. direito à associação – na medida em que os indivíduos começam a ser tolhidos de se relacionarem/associarem/contratarem uns aos outros sem a intervenção do estado, avançando então para

   b. a censura à liberdade de expressão/imprensa – quando o governo a fim de favorecer seu

---

[207] Political Corruption in the U. S. S. R. John M. Kramer. The Western Political Quarterly, Vol. 30, No. 2 (Jun., 1977), pp. 213-224. Published by: University of Utah on behalf of the Western Political Science Association Stable.

[208] Black Book of Communism, p. 471

processo econômico vê-se obrigado a interferir na expressão de certos atores que estariam desfavorecendo seu plano econômico/político, seguindo para

c. violações mais sérias de direitos pessoais – especificamente na transformação de um estado policial, chegando à destruição da liberdade pessoal íntima – ocorrida no momento em que o estado captura todas as relações sociais a fim de garantir o máximo de controle estatal, justificado na falsa premissa de que os problemas de descoordenação econômica e social são causados por falta de cumprimento intencional aos planos estabelecidos.

A descoordenação social resultante da centralização da economia, combinada com os efeitos pessoais sofridos em decorrência da primeira fase de destruição humana sob o socialismo, acabam por criar um regime que inerentemente se vê forçado a violar e restringir cada vez mais as garantias individuais, de forma a tentar impor – sem sucesso – seu planejamento econômico. Considerando que o regime não está disposto a abandonar o socialismo nessa fase, e que os problemas inerentes à produção e alocação de bens persistem e aumentam, a formação de um estado totalitário e anti-humanitário é inevitável.

Capítulo 3.3

A terceira fase: a crise anti-humanitária

O que é entendido como fenômeno anti-humanitário? Dentro das violações intrínsecas aqui analisadas, aquelas que se apresentam como a raiz no sistema de direitos do homem (na sua concepção liberal mais original e simples) e que constituem pressuposto básico da dignidade humana, serão estudadas sob o título do *anti-humanitarismo*: a liberdade do seu próprio corpo e a preservação da vida em si.

Em textos históricos, como na Declaração de Independências dos EUA, esse cerne é descrito na tríade *vida, liberdade e perseguição da felicidade*. O direito contemporâneo encontrou essa visualização no art. 4º do Pacto dos Direitos Civis e Políticos internacionais – considerado de status mais elevado e sob difícil derrogação,[209] também conhecida como de natureza *jus cogens*.

Importante ressaltar que pouquíssimos exemplos históricos de socialismo chegaram a este ponto. De qualquer forma, esta fase será analisada de acordo com

---

[209] ORGANIZAÇÃO DAS NAÇÕES UNIDAS. Convenção de Viena sobre o Direito dos Tratados. Vienna Convention on the Law of Treaties. 1969. Artigo 51. Disponível em <https://treaties.un.org/doc/Publication/UNTS/Volume%201155/volume-1155-I-18232-English.pdf> Acesso: 2 nov. 2014.

o que vimos no último capítulo: primeiramente as consequências serão deduzidas como premissas lógicas dos axiomas envolvidos e, então, evidências empíricas serão apresentadas para corroborar as conclusões que se apresentarem.

Escravidão institucional

Nenhum homem deve ser propriedade de alguém. Parece natural acreditarmos nisso, mas mesmo atualmente os ideais socialistas não conseguem distinguir o que isso significa na prática, especialmente considerando as tragédias humanitárias do passado que não modificaram a essência de suas propostas atuais. A proibição à escravidão e à servidão é inegavelmente um dos direitos humanos mais consolidados de nossa sociedade contemporânea.

Estaria a proposição do comunismo revolucionário eminentemente relacionada com um regime escravagista ou de servidão compulsória?

O custeamento de um governo e a provisão de escravidão apresentam uma interessante relação, que já foi objeto de diversos estudos jurídicos, filosóficos e econômicos. Infelizmente eles não ganham destaque nas faculdades de direito atualmente. A ideia dos direitos fundamentais através de sua origem (vida, liberdade e propriedade), principalmente no que se refere à questão de liberdade, é a base dessas indagações.

Nesse sentido, em específico, o direito à liberdade, em sua forma genérica, seria o objeto dessa principal discussão, pois é o "sujeito" atacado em ambas as situações aqui analisadas: a violação de escravidão/servidão e a coerção engajada na cobrança do montante de custeio da entidade governamental, usualmente traduzida através de taxas, impostos e expropriações diretas já presentes nesta fase.

Em sua obra clássica, *The Road to Serfdom* (O Caminho da Servidão), Hayek descreve o fenômeno humano de perda de liberdade como uma consequência inerente que decorre de uma economia planificada, termo técnico para o socialismo apresentado no primeiro capítulo.

A servidão seria um resultado natural da própria ideia de planejamento central econômico. Conforme assevera o autor, o que os planejadores exigem é um controle centralizado de toda a atividade econômica de acordo com um plano único, que estabeleça a maneira pela qual os recursos da sociedade sejam "conscientemente dirigidos" a finalidades determinadas.[210]

Nesse sentido, para que o estado controlasse todos os setores econômicos de determinada sociedade, far-se-ia necessário que este estivesse presente em todos os aspectos da vida social das pessoas. Logo, todos os fins da ação humana serão guiados necessariamente pelo estado, o que inevitavelmente representa o solapamento total do direito individual à liberdade. Conforme asseverou Hilaire Belloc, "o controle da produção da riqueza é o controle da própria existência humana".[211]

A destruição política do direito à liberdade encontrou sua presença em Lenin, que afirmou que "a sociedade inteira se terá convertido numa só fábrica e num só escritório, com igualdade de trabalho e igualdade de remuneração" e também por Leon Trotski quando expressou que "num país em que o único empregador é o estado, oposição significa morte lenta por inanição. O velho princípio 'quem não trabalha não come' foi substituído por outro: 'quem não obedece não come'."[212]

---

[210] HAYEK, 2010, op. cit., p. 57

[211] HILAIRES, Belloc. The Servile State. ISBN 1110777000. Editora Biblio Bazaar, LLC, 2007. p. 11

[212] HAYEK, 2010, op. cit., p. 127

De fato, o "direito ao trabalho" nada mais é do que uma obrigação absoluta frente ao estado, conforme determinado pela própria Constituição da União Soviética, e pelas filosofias de Karl Marx e Anton Menger. Como a economia está em constante desordem, naturalmente a alocação de mão de obra começa a ser cada vez mais ineficiente, mais uma vez contribuindo para o próprio aumento desse efeito de forma exponencial.

Logo, a fim de que a economia continue em curso, faz-se necessário mais intervenção do estado. Nesta fase, as meras liberdades individuais não são suficientes, sendo necessário o completo tolhimento da ação humana individual em prol de um completo controle do cidadão. A lógica é a mesma: o planejamento econômico (socialismo) ainda não deu certo? A solução é reprimir a sociedade ainda mais, pois talvez "agora ela cumpra nosso plano econômico."

Foi nesse contexto que se disseminaram pela União Soviética campos de concentração e de trabalho forçado, os chamados *gulags*.

Inicialmente montados com o intuito de ser um sistema de repressão criminal, os *gulags* foram muito mais do que isso. Em 1º de janeiro de 1935, um sistema de campos de concentração e trabalho foi unificado e reunia mais de 965.000 presos.

A partir disso os campos começaram a formar uma grande rede de produção industrial. A única maneira de conseguir manter um aparente controle da economia era literalmente colocar uma corrente no pescoço das pessoas e forçá-las a trabalhar. Os reclusos desses campos de concentração eram empregados na construção de estradas, trilhos de trem, minas de carvão e campos petrolíferos.[213] Nas palavras de Courtouis:

---

[213] COURTOIS, op. cit., p. 103

"A função produtiva do campo de concentração dito de "trabalho corretivo" estava claramente refletida nas estruturas internas do Gulag. As direções centrais não obedeciam a princípios geográficos nem funcionais, mas econômicos: direção das construções hidroelétricas, direção de construções ferroviárias, direção de pontes e estradas, etc. Entre essas direções penitenciárias e as direções dos ministérios industriais, o preso ou o colono especial era uma mercadoria que funcionava como moeda de troca. (...) Em uma nota de 10 de abril de 1939 dirigida ao Politburo, Beria expôs seu "programa de reorganização do Gulag". Segundo ele, seu predecessor, Nikolai Lejov, havia privilegiado a "caça aos inimigos" em detrimento de uma "gestão economicamente sã". (...) O papel do Gulag na economia de guerra revelou-se muito importante. Segundo as estimativas da administração penitenciária, a mão-de-obra detida garantiu cerca de um quarto da produção em um certo número de setores-chave das indústrias de armamento, metalúrgica e de extração mineral."[214]

No início de 1941 a população econômica nos *gulags* da União Soviética era nada menos do que 1.930.000 pessoas. Outra evidência do caráter econômico dos *gulags* era a baixa rotatividade dos concentrados: arquivos revelam que somente 20% a 35% eram soltos a cada ano.[215] Estima-se a acumulação de 7 milhões de pessoas que deram entrada nos campos de concentração e colônias do *Gulag* entre 1934 e 1941, com dados insuficientes para os anos 1930-1933.

---

[214] Ibid.

[215] Ibid.

Durante todo o período de existência desse sistema, menores e idosos foram também empregados. O apogeu ocorreu no início de 1953, quando o *Gulag* contava aproximadamente com 2.750.000 prisioneiros, distribuídos em 500 colônias de trabalho, 60 grandes "complexos penitenciários" e 15 "campos de regime especial".[216]

Por incrível que pareça, o tolhimento radical da liberdade para que se fosse empregado um sistema econômico sempre esteve na raiz intelectual da teoria socialista. O primeiro dos planejadores modernos, o teórico socialista Saint-Simon, teria predito que aqueles que não obedecessem às comissões de planejamento por ele propostas seriam "tratados como gado".[217] Já na prática do socialismo, não só os que não obedecem também o são.

Estima-se que 14 milhões de pessoas participaram desse processo econômico dentro desses campos, o que denota – de certa forma – que não se pode considerá-los como mero meio de exceção, mas sim como um verdadeiro sistema de produção econômica.

Na China não foi diferente. Os trabalhadores alocados nos campos de concentração firmavam à força um "contrato vitalício de serviço ao governo." Estima-se que houveram mais 1100 desses campos.[218] Os nomes já davam conta de que os *gulags* nada mais eram do que grandes complexos de produção. "Jingzhou Industrial Dye Works" e "Yingde Tea Plantation" eram denominações comuns.

Na Venezuela, que no momento de publicação desta obra encontra-se adentrando a terceira fase do processo aqui descrito, não tem sido diferente. Em julho de 2016, o sucessor de Hugo Chávez, Nicolas Maduro, emitiu um decreto com força de lei determinando que qualquer empregado pode ser obrigado a trabalhar em tarefas

---

[216] COURTOIS, op. cit., p. 121

[217] HAYEK, 2010, op. cit., p. 47

[218] Black Book of Communism, p. 497

da agricultara como forma de combater a crise alimentícia do país.[219] De acordo com o governo, trabalhadores do setor público e privado podem ser "convocados" a servirem organizações estatais, contra suas próprias vontades. A Anistia Internacional considerou a medida o mesmo que trabalho forçado,[220] o qual, junto com a escravidão e a servidão, são considerados vedados sob o regime jurídico internacional.[221]

Importante notar que um relatório disponibilizado em 2014 pelas Nações Unidas (ONU) aponta que esses campos de trabalho forçado existem até os dias atuais na República Popular da Coreia do Norte,[222] com quase que veemente silêncio por parte da comunidade internacional. Especialmente, dos partidários que advogam pela causa socialista e comunista. Em um manifesto datado de 02 de abril de 2013, o PCdoB, PT, PSB, CUT, MST, UNE, entre outras entidades brasileiras de esquerda, manifestaram apoio à manutenção do regime vigente na Córeia do Norte.[223]

---

[219] 'Decreto trabalhista da Venezuela é o mesmo que trabalho forçado'. 28 de Julho de 2016. Veja. Disponível em < http://veja.abril.com.br/economia/decreto-trabalhista-da-venezuela-equivale-a-trabalho-forcado/>

[220] Ibid

[221] Ver arts. 6, 7 e 8 do ICCPR

[222] ORGANIZAÇÃO DAS NAÇÕES UNIDAS. Office of the High Commissioner for Human Rights. Commission of Inquiry on Human Rights in the Democratic People's Republic of Korea. Report of the detailed findings of the commission of inquiry on human rights in the Democratic People's Republic of Korea. A/HRC/25/CRP.1 Fevereiro, 2014. Disponível em: <http://www.ohchr.org/en/hrbodies/hrc/coidprk/pages/commissioninquiryonhrindprk.aspx> Acesso em: 2 nov. 2014.

[223] PC do B, PT, PSB, CUT e UNE fazem o que nem a China faz: dão irrestrito apoio à Coreia do Norte e acusam a do Sul e os EUA de "belicistas". VEJA. 7 de abril de 2013. Por Reinaldo Azevedo. Disponível em < http://veja.abril.com.br/blog/reinaldo/pc-do-b-pt-psb-cut-e-une-fazem-o-que-nem-a-china-faz-dao-irrestrito-apoio-a-coreia-do-norte-e-acusam-a-do-sul-e-os-eua-de-belicistas-nao-veremos-modelos-bonitinhas-dando-beijinho-na-boca-ah-8230/>

Contudo, o aparelho repressor necessário à condução de uma economia socialista, ao chegar nesse nível, não se restringe tão somente a extinguir o direito humano à liberdade. A vida e o que restava da dignidade humana foram simultaneamente atacadas, como verificaremos a seguir.

A AUTODESTRUIÇÃO

Abordaremos aqui a repressão profunda e severa do direito individual à vida. Esse fenômeno, decorrente do socialismo, ocorre em dois aspectos: (a) o *dirigido*, entendido como todo ato atentatório ao direito à vida, exercido em grandes escalas, com intenção na produção do resultado genocida; (b) e o *consequente* ou *externalizado*, entendido como toda sucessão de massivas perdas de vidas humanas decorrentes do processo intenso de crise socioeconômica gerado pelo socialismo.

Como visto na fase anterior (fenômeno totalitário), o acirramento da descoordenação social, gerada pelos problemas na difusão de informação econômica, incentivou a criação de um regime que tolhe cada vez mais as liberdades individuais. Isso porque tentava exercer, com maior eficiência, o controle sobre o uso e a alocação de toda ação humana em consonância com as determinações do órgão diretor.

Essa crescente repressão aos direitos individuais atinge seu cume quando o regime em questão[224] começa a promover episódios de massacres. A questão para o regime, neste ponto, não é somente tentar mais uma vez colocar em prática o planejamento econômico. Neste ponto, a sociedade está tão frágil e debilitada que os dirigentes socialistas acreditam ser necessário realizar "amputações" de partes

---

[224] Deve-se entender os massacres como meio indireto para a obtenção de um resultado econômico naqueles casos em que os mesmos ocorreram com fim punitivo, e até mesmo de cunho pedagógico para o resto da sociedade.

que não são mais úteis aos seus planos, tanto para servir de exemplo à sociedade, como para "se livrar" de demandas por alimentos.

De certa forma, tais episódios eram comuns nos regimes que chegaram neste estágio de socialismo. Talvez um dos mais emblemáticos episódios tenha sido o *Holodomor*, quando seis milhões de pessoas morreram como consequência da fome de 1932-1933, uma catástrofe amplamente imputada à política de coletivização forçada e de antecipação predatória feita pelo estado sobre as colheitas dos *kolkhozes*.[225]

Entretanto, o maior massacre causado pela fome na história da humanidade ocorreu na China comunista, entre 1959 e 1961. Um ousado programa iniciou-se após 1955, intitulado *Great Leap Forward*, com o slogan de "três anos de trabalho duro e sofrimento, para mil anos de prosperidade". Nele, o regime de Mao tentou incentivar a produção agrícola baseado em princípios da economia socialista, considerando pessoas como bens de produção. Todas as propriedades privadas e quaisquer resquícios de mercado foram abolidos. O grande produtor rural da China se tornou o governo, que na tentativa de aperfeiçoar técnicas que os levassem aos níveis de produção agrícola do capitalismo, acabou por levar a morte estimada por fome entre 20 e 43 milhões de pessoas entre os anos de 1957 e 1961.[226] Nem isso à época foi suficiente para o regime comunista admitir a ineficácia do modelo socialista. A culpa foi colocada nos camponeses, que estariam escondendo 90% de sua produção por "questões ideológicas".

A repressão dos regimes da União Soviética também levou a 720.000 execuções, das quais mais de 680.000 apenas nos anos de 1937-1938, subsequentes a uma paródia de julgamento feita por uma jurisdição especial da GPU-NKVD; 300.000 óbitos atestados nos campos de concentração entre 1934 e 1940; cerca de 400.000 para toda a década, números que, sem dúvida, podemos generalizar para

---

[225] COURTOIS, op. cit., parte I.
[226] Black Book of Communism, p. 495

os anos de 1930-1933, sobre os quais não se dispõe de dados precisos. Ademais, um número inverificável de pessoas mortas entre o momento de sua prisão e seu registro como "os que entram" pela burocracia penitenciária e cerca de 600.000 óbitos atestados entre os deportados, "deslocados" e colonos especiais.[227] Tudo isso tão somente na União Soviética.

Outros massacres de grandes proporções ocorreram na China, Vietnã, Camboja, Laos, Coreia do Norte, Etiópia, Angola, Cuba e em diversos outros locais do Leste Europeu.[228] Estima-se que jamais ocorreu um fenômeno tão mortífero como o comunismo revolucionário.

Ao mesmo tempo, pode-se vislumbrar diversos casos em que esses massacres ocorrem como consequência pura de descoordenação econômica, gerando escassez de alimentos a um nível suficiente em que as pessoas, literalmente, agonizaram de fome até a morte.

Dentro deste fenômeno, é valido destacar que a teoria socialista de Marx sempre entendeu que o direito à vida não existiria. Especial menção à declaração do mesmo, em escritos registrados em 1853, conforme registros do New York Tribune: "as classes e as raças fracas demais para dominar as novas condições de vida têm de ceder".[229]

Em suma, dado o totalitarismo excessivo em que um governo socialista se vê após os diversos problemas econômicos elucidados anteriormente, o direito à vida cessa consoante se faz necessário, a fim de que o regime mantenha controle

---

[227] Ibid.

[228] Ibid.

[229] MARX, Karl. Forced Immigration. *New York Daily Tribune*. Março, 1853. Disponível em <https://www.marxists.org/archive/marx/works/1853/03/04.htm> Acesso: 2 nov. 2014. (Tradução nossa).

sobre os indivíduos, na crença de que isso possibilitará, finalmente, a condução eficiente da economia. Esse é o ponto central de conexão com direitos humanos.

Em conclusão: arbitrariedade. Exatamente neste conceito fundamental todas as violações estão inseridas. A história mostrou que vidas foram ceifadas de acordo a necessidade do regime, muitas vezes com o intuito punitivo de pressionar a população a se comportar conforme o planejamento central necessitava. Em 1982, a Comissão da ONU para Direitos Humanos escreveu seu Comentário Geral ao artigo 6º do ICCPR, e ponderou que o direito à vida não é derrogável nem quando houver situação de emergência pública que ameace à nação[230] e proibindo no papel "atos de genocídio e outras massas de violência que causem a perda arbitrária da vida".[231]

Novamente, é válido apontar as sete premissas que formam esse sistema trifásico, e sua representação gráfica a seguir.

> (i) ao optar pelo modelo econômico de planejamento central (socialismo), o estado causará uma (ii) descoordenação econômica, que por sua vez trará impactos mais amplos na sociedade. Uma das consequências será (iii) o surgimento de um mercado paralelo. Ao tentar (iv) reprimi-lo, o estado (v) torna-se gradualmente totalitário. Em alguns casos, ou situações, com o objetivo de (vi) tentar

---

[230] Consoante prediz o art. 4º do ICCPR, op. cit.

[231] ORGANIZAÇÃO DAS NAÇÕES UNIDAS. Comentário Geral ao ICCPR: Número 06. CCPR/C/21/Rev.1/Add. 13. Disponível em < http://ccprcentre.org/doc/ICCPR/General%20Comments/CCPR.C.21.Rev1.Add13_%28GC31%29_En.pdf> Acesso em: 2 nov. 2014.

repetidamente extinguir o mercado paralelo, (vii) ele optar por implementar políticas que poderiam ser caracterizadas como anti-humanitárias, dado o ataque amplo e generalizado no caráter íntimo dos direitos à vida e à liberdade (em sentido estrito, referindo-se a um modelo similar a escravatura ou servidão involuntária).

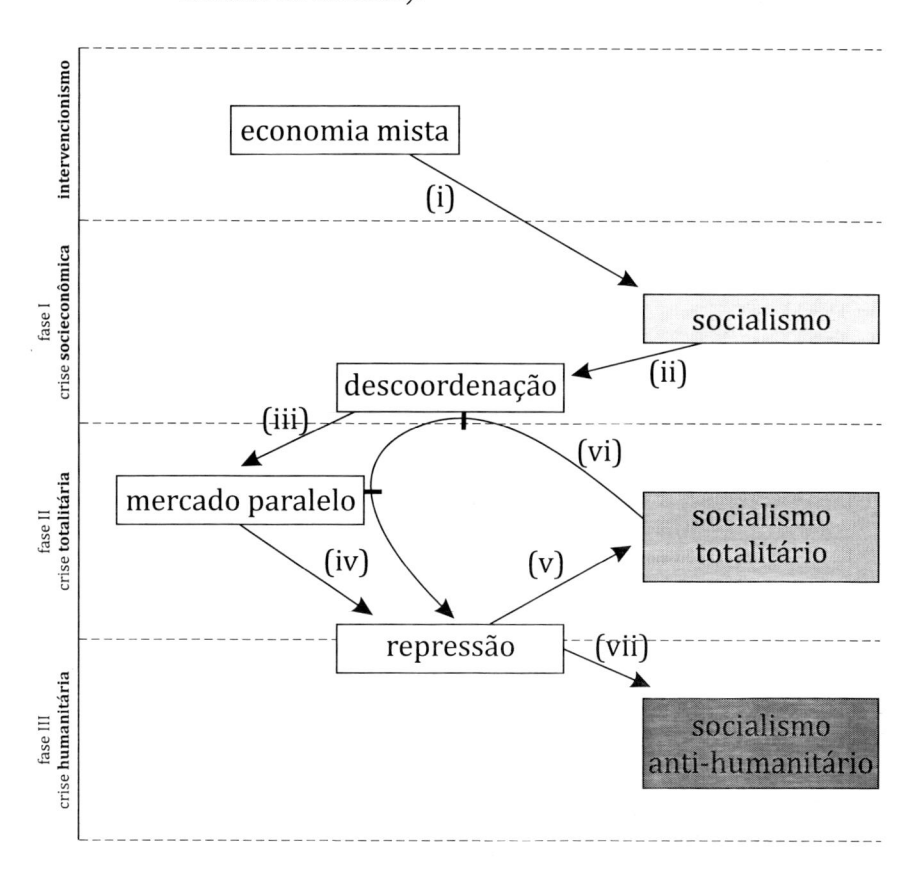

Não foi só a Escola Austríaca que sempre apontou o grande erro intelectual e humanitário que é o socialismo. Mais surpreendente: a teoria liberal clássica já havia postulado isso há nada menos do que 180 anos.

A inerência de tal sistema econômico e político à violação de direitos individuais foi notada desde 1835, na obra clássica de Alexis de Tocqueville acerca da primeira nação no mundo fundada na ideia de direitos individuais sob sua exegese. De fato, ainda naquele tempo, Tocqueville concluiu que

> "Depois de ter subjugado sucessivamente cada membro da sociedade, modelando-lhe o espírito segundo sua vontade, o estado estende então seus braços sobre toda a comunidade. Cobre o corpo social com uma rede de pequenas regras complicadas, minuciosas e uniformes, rede que as mentes mais originais e os caracteres mais fortes não conseguem penetrar para elevar-se acima da multidão. A vontade do homem não é destruída, mas amolecida, dobrada e guiada; ele raramente é obrigado a agir, mas é com frequência proibido de agir. Tal poder não destrói a existência, mas a torna impossível; não tiraniza, mas comprime, enerva, sufoca e entorpece um povo, até que cada nação seja reduzida a nada mais que um rebanho de tímidos animais industriais, cujo pastor é o governo. Sempre pensei que uma servidão metódica, pacata e suave, como a que acabo de descrever, pode ser combinada, com mais facilidade do que em geral se pensa, com alguma forma aparente

de liberdade, e que poderia mesmo estabelecer-se sob as asas da soberania popular."[232]

O socialismo/comunismo foi, e continua sendo, um episódio triste de nossa realidade política contemporânea. O mais sangrento da história da humanidade. Este capítulo se dedicou a entender porque as violações de direitos humanos ocorrem em todas as suas "experiências", a partir tão somente do problema de informação econômica sobre produção e alocação de recursos.

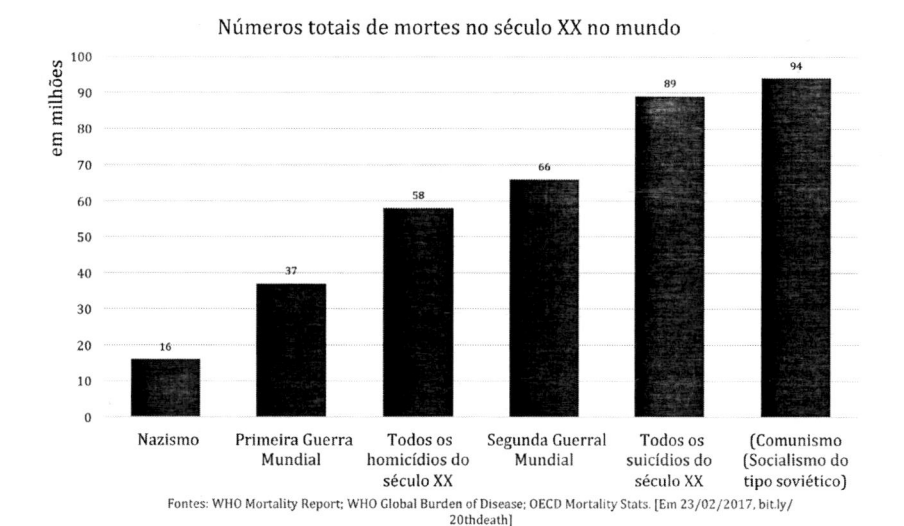

Números totais de mortes no século XX no mundo (em milhões)

Categoria	Mortes (milhões)
Nazismo	16
Primeira Guerra Mundial	37
Todos os homicídios do século XX	58
Segunda Guerral Mundial	66
Todos os suicídios do século XX	89
(Comunismo (Socialismo do tipo soviético)	94

Fontes: WHO Mortality Report; WHO Global Burden of Disease; OECD Mortality Stats. [Em 23/02/2017, bit.ly/20thdeath]

---

[232] DE TOCQUEVILLE, Alexis. Democracy in America. Indianápolis: Liberty Fund. Inc, 2009. Parte II, livro IV, cap. VI.

Capítulo IV

～

Os ciclos humanitários

O fenômeno apresentado no capítulo anterior é a expressão de um processo que pode ser visto de maneira mais detalhada, com momentos e fases definidas, sujeitos a pressões e incentivos diversos. Os regimes socialistas, sejam sob qual terminologia se apresentarem, possuem tanta similaridade de resultado social e econômico, que se torna possível apontar de forma clara o processo de descoordenação social que surge em um determinado regime que busque a preservação do modelo, extraído das leis econômicas advindas do estudo da ação humana.

Através desses teoremas, e da apreciação da história, faz-se possível afirmar que existe uma tendência natural no socialismo a, cada vez mais, intensificar o nível e a profundidade de suas ações agressoras, levando a sociedade a passar pelas três fases descritas no capítulo anterior, até chegar em um estágio de servidão e genocídio. Isso parte de um pressuposto lógico e pode ser visto através de ciclos, únicos ou repetitivos.

Este autor denominou o fenômeno que será agora apresentado de Teoria dos Ciclos Humanitários, que inferem forte influência, mas não podem ser confundidos com, a chamada Teoria Austríaca dos Ciclos Intervencionistas, de Sanford Ikeda, conforme se verá a seguir.

Capítulo 4.1

A ação e reação

Para compreendermos como os ciclos se formam, e como eles acabam formatando, em perspectiva, um literal "caminho da servidão", faz-se necessário visualizar primeiramente um sistema de ação e reação entre o poder dirigente (estado) e a sociedade em sua ordem espontânea (cataláxia) no decorrer do processo de implementação do socialismo.

Toda vez que o estado avança no grau de socialismo, e então intervém na sociedade, agredindo a ação humana, esta sofre um processo de *descoordenação momentânea*. O sistema já estabelecido por uma economia de mercado, ainda que parcial, acaba prejudicado, pois as trocas que ocorriam acabam imediatamente afetadas pela limitação de um planejamento central à ação humana preexistente. Entretanto, logo após a descoordenação, a sociedade busca se reorganizar através de um mercado paralelo, uma vez que não pode tolerar a escassez ou os preços praticados pela economia estatal de bens e serviços essenciais, como resultado da atuação do órgão planejador dentro do modelo socialista.

Em outras palavras, toda vez que o regime socialista expande sua agressividade, ele automaticamente acaba por causar mais descoordenação econômica e social, ainda que com um intervalo de tempo. Como a escassez de bens e serviços não é suportada por um longo período, os indivíduos precisam se reorganizar na ilegalidade através de um mercado paralelo. O exemplo venezuelano é essencial neste sentido. Quando a presidência confiscou algumas redes de distribuição em 2015, vários alimentos acabaram em escassez. Como consequência, as pessoas tiveram de recorrer ao mercado paralelo, aumentando o seu tamanho e complexidade, quando não o preço.

Só o fato de que o estado precisa adentrar ou intermediar toda relação econômica já existente, ainda que ele hipoteticamente não almeje modificá-la, faz com que o fluxo de informação seja impactado e se altere radicalmente, atrapalhando a direta coordenação entre as partes. Ao imaginarmos isso acontecendo em toda a sociedade, para cada relação econômica possível, fica fácil entender de onde o caos do socialismo surge.

O axioma fundamental da ação humana explica o processo reativo do ciclo. No momento em que o estado rompe um processo econômico já estabelecido, ainda que dinâmico, todos os preços necessários para a obtenção de um bem acabam prejudicados. Pense na seguinte situação: uma mãe solteira com dois filhos necessita comprar leite para eles. No momento em que o governo estatiza o setor agropecuário, gerando todas as consequências negativas que tal ação causa, e a mãe sente a escassez, não só ela terá que recorrer ao mercado paralelo, como os preços do leite lá disponíveis estarão mais altos do que seriam em um livre mercado. Isso se dá, pois, um dos sinais que o preço também transmite é o *risco*. Quanto mais arriscado um negócio – especialmente quando proibido pelo estado – mais caro se engajar nele será. Assim, a família terá que gastar uma maior parte de sua renda para comprar o alimento básico, que antes dispunha de fácil acesso pelo mercado.

A opção no cenário descrito, entretanto, não é entre um leite mais caro e um mais barato. A opção é entre ter o leite por um preço mais alto, obtendo-o através do mercado paralelo, ou simplesmente não o acessar, uma vez que a intervenção econômica do governo gerou escassez, ou completa destruição desse setor produtivo. Toda ação humana propositada busca posicionar o indivíduo de um estado de maior desconforto para um de menor. Claramente "não ter o leite", no exemplo usado, é o estado de maior desconforto. Logo, a reação de expansão do mercado paralelo, como consequência do avanço do regime socialista, é uma conclusão logicamente dedutiva do processo de escassez ou do inflacionário decorrente da implementação do socialismo.

Aplicada em escala gradual e, considerando que o mercado é um processo complexo e dinâmico, está explicado por qual razão quanto mais socialista uma economia é,[233] mais as famílias comprometem suas rendas com consumo de produtos básicos, tornando coisas triviais como papel higiênico em artigos escassos de luxo.

Por essa razão, traficantes de drogas venezuelanos deixaram parcialmente de comercializar narcóticos, e iniciaram um esquema de venda de alimentos e medicamentos.[234] Considerando que eles já possuíam todo o aparato de distribuição em um mercado paralelo alheio à economia legalizada, os custos de oportunidade para explorar essas demandas foram muito menores quando comparados aos custos de novos empresários, podendo oferecer preços mais competitivos para aqueles que agora se veem na necessidade de efetuar transações econômicas ilegais para conseguir sobreviver.

A evidência histórica do processo de formação de um mercado paralelo como reação à economia socialista é inegável e incontroversa. Absolutamente todas as experiências que adentraram tal sistema enfrentaram, mais cedo ou

---

[233] Quando mais socialista uma economia é, menor seu desempenho em liberdade econômica. Ver Índices de Liberdade Econômica, Fraser *Institute e Heritage Foundation*.

[234] World BBC: Escassez faz criminosos trocarem tráfico de drogas pelo de alimentos na Venezuela. Daniel Pardo. Da BBC Mundo em Caracas. 23 de agosto de 2015. Disponível em: < http://www.bbc.com/portuguese/noticias/2015/08/150821_contrabando_venezuela_ab>

mais tarde, o fato de que a população não se dará por satisfeita com os resultados econômicos entregues pelo órgão planejador. Alguns comentaristas inclusive mencionam que a razão pela qual existiam tantos milionários russos, logo após a queda da União Soviética, é exatamente pela existência contínua, durante décadas, desses mercados paralelos.[235] O fenômeno ficou internacionalmente conhecido como "a segunda economia da União Soviética". Na China não foi diferente, com vários registros, inclusive, monitorando os preços que eram praticados fora da economia oficial. Todas as experiências socialistas já realizadas vivenciaram esse fenômeno, comumente descrito na imprensa como mercado negro (*black market*).

Importante notar que esse fenômeno ocorre necessariamente após toda descoordenação causada pelo aprofundamento de um regime socialista, ainda que isso esteja acontecendo em menores passos. Pode ocorrer, também, toda vez que um regime "capitalista" age de forma muito interventora sobre o mercado, inclusive no caso dos EUA.[236] Durante o governo de Cristina Kirchner na Argentina, em 2014, a pesada restrição na compra de dólares deu criação a um amplo e conhecido mercado paralelo, em que argentinos podiam inclusive acompanhar online os preços e as variações. Todo o tipo de produto, em menor ou maior escala, passa a ser encontrado no mercado paralelo na medida em que para ele há demanda, e o governo esteja dificultando o acesso.

---

[235] Vladimir G. Treml and Michael V. Alexeev, "The Second Economy and the Destabilization Effect of Its Growth on the State Economy in the Soviet Union: 1965-1989". BERKELEY-DUKE OCCASIONAL PAPERS ON THE SECOND ECONOMY IN THE USSR, Paper No. 36, December 1993

[236] Para se entender o tamanho, forma e atuação do mercado paralelo norte-americano, recomenda-se a obra de Hans Sennholz, The Underground Economy.

Estudos sobre a formação desses mercados paralelos são campo conhecido das ciências econômicas, mas pouco explorados. Mark Thornton descreve que em ambientes assim, surgem oportunidades de exploração dessas demandas que não estão sendo supridas, em razão dos erros advindos do planejamento econômico pelo governo.[237] Uma questão fundamental nesse sentido, é o fato de que uma determinação do órgão diretor sobre algo, não só tem efeito nulo sobre a demanda de um bem ou serviço, como também representa um grande fomento na criação do mercado paralelo, pois gera uma oportunidade de negócios. Surgem incentivos para estabelecer ofertas. As possibilidades de lucro que surgirem nesse momento irão resultar em novos métodos de produção, logística, armazenagem, distribuição e marketing. Uma nova rede de coordenação econômica será formada, agora na ilegalidade.

O produto e sua qualidade serão igualmente impactados pelo fato de terem passado de um ambiente de concorrência para um dominado pela proibição, sob a ilegalidade, ainda que isso não impacte a demanda no aspecto de necessidade que ele carrega. Isso explica um dos maiores danos da proibição às drogas no mundo moderno: ao colocá-las no espectro ilegal, torna-se impossível averiguar aspectos fundamentais como composição química e potencial de vício, deixando inclusive mais difícil tratar dependentes e reduzir o consumo, já que a proibição não afeta a demanda.

A ação e reação formam um verdadeiro ciclo, que pode inclusive ser visualizado em um gráfico, em que o eixo vertical orienta o grau de descoordenação econômica e social (ds) e o eixo horizontal o tempo (t).

---

[237] THORNTON, Mark. The Economics of Prohibition. Mises Institute, EUA. P. 82

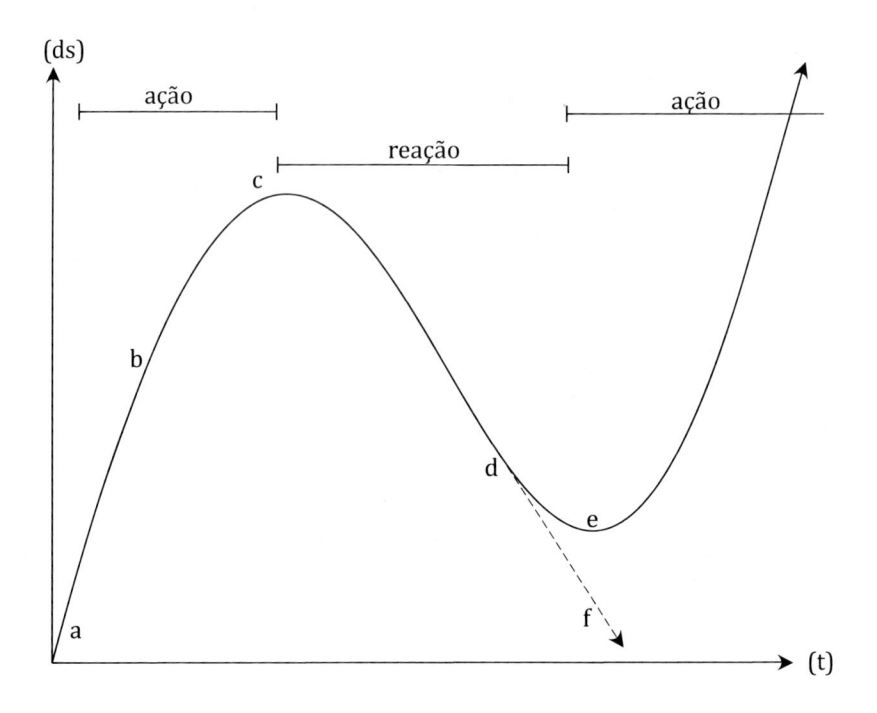

Interessante notar os pontos textuais descritos, pois representam momentos-chave no processo de implementação socialista. O ponto (a) representa o momento em que a ação agressora socialista é iniciada. Ela causa uma descoordenação econômica crescente (b), de forma expandida, acompanhando a absorção contínua por todos os cantos da sociedade da medida adotada. Esse intervalo de tempo é enormemente variado, dependendo muito das ações iniciais. Caso se trate de regulações e controles de preço, nos exemplos mais graduais de implantação do socialismo, o intervalo entre (a) e (b) tende a ser maior no tempo. Porém, no caso de revoluções que se iniciam rapidamente, confiscando grandes meios de produção e propriedades, a descoordenação surge rapidamente e de forma generalizada.

Quando ela chega a um ponto em que as pessoas valoram mais cometer uma ilegalidade ao adentrar um mercado paralelo do que seguir o plano do governo, inicia-se a formação do sistema de trocas ilegais (c), ou mercado paralelo, com o objetivo de poder suprimir as demandas necessárias. Quanto maior a distância entre os pontos (a) e (c) em relação ao eixo vertical (ds), mais radical é a implementação do socialismo e mais volátil é o ciclo.

Com a criação do mercado paralelo no ponto (c), a coordenação econômica vai se reestabelecendo parcialmente e de forma vagarosa, na medida em que empreendedores começam a oferecer soluções para atender às necessidades dos consumidores, que agora se veem desprovidos de bens fundamentais. Indivíduos conseguem, por um preço maior, ter acesso novamente aos produtos e serviços que julgam ser necessários, fora da economia oficial controlada pelo estado. É a partir desse período que o órgão planejador coloca a culpa da falha ou ineficácia de suas políticas socialistas na população, principalmente na classe produtiva, argumentando que todos os problemas que estão surgindo são em razão de uma desobediência ao projeto estabelecido pelo órgão planejador.

O ponto decisório (d) é o momento fundamental na política socialista, pois é quando caberá ao regime tomar a decisão de aprofundar o processo socialista, com uma nova agressão à ação humana (e); ou decide abandonar o modelo, e reverter a uma economia mista (f). Para fazer uma crítica que também se aplica à chamada Curva de Laffer (sobre a chamada elasticidade da receita taxável),[238] existe um intervalo temporal inespecífico entre o aumento da intervenção do governo e as consequências econômicas de descoordenação que geram, também, um

---

[238] A crítica à Curva de Laffer, nesse sentido, seria de que existe um elemento temporal não considerado, em que há um intervalo de tempo entre o aumento da taxação pelo governo, e a geração de incentivos negativos que diminuam a produtividade, e então a receita total. A existência desse intervalo pode distorcer uma série de hipóteses testadas à luz da perspectiva original, inclusive possibilitando um estado que consiga um poder confiscatório maior do que o previsto.

desincentivo à produção. Na crise gerada pelo sistema socialista, é nesse intervalo que o comportamento econômico cumulado das ações humanas se reorganiza expandindo o mercado paralelo.

Porém, na situação em que o mercado paralelo conseguiu sua máxima eficiência possível (ou seu maior ponto de equilíbrio dinâmico nas circunstâncias reais), o ponto de retorno (e) sempre estará em um nível acima de repressão em relação ao momento em que a ação agressora teve início (a), no eixo vertical (ds). Ou seja, jamais a coordenação econômica de um sistema de livre mercado poderá ser alcançada através de um sistema que combine socialismo com um mercado paralelo.

Isso é uma consequência direta do fato de que qualquer transação econômica ocorrida no mercado paralelo é mais cara do que a mesma seria em um sistema de livre mercado. Logo, se os custos de transação sobem, a capacidade de extensão e crescimento desse mercado reativo são prejudicadas, não podendo atingir o mesmo tamanho absoluto (*absolute market size*) em comparação ao que seria em um ambiente de liberdade de trocas.

Um mercado absoluto menor significa necessariamente maior descoordenação econômica pelas seguintes razões: ao ser menor, a quantidade nominal de recursos que circulam necessariamente também será reduzida, razão pela qual matematicamente menos indivíduos poderão se engajar no processo de coordenação, com menos oferta, demanda, ação empresarial, descoberta, produção, oportunidade de lucros e – consequentemente – "ações" humanas. Ao ser menor ele será necessariamente mais descoordenado em comparação ao que seria caso não estivesse na ilegalidade.

Isso é aprofundado inclusive em razão da minimização da criação de riquezas, que se resta extremamente afetada sob o regime de planejamento econômico.

Essa área, denominada por este autor de Área de Descoordenação Permanente *ou Mínima*, na esperança (nada) humilde de que um dia seja chamada de *Intervalo de Lorenzon*, é fundamental para se compreender a teoria aqui apresentada, pois ele determina necessariamente a tendência dos ciclos em aprofundarem o processo socialista e, como consequência, maximizarem gradualmente o processo repressivo humanitário.

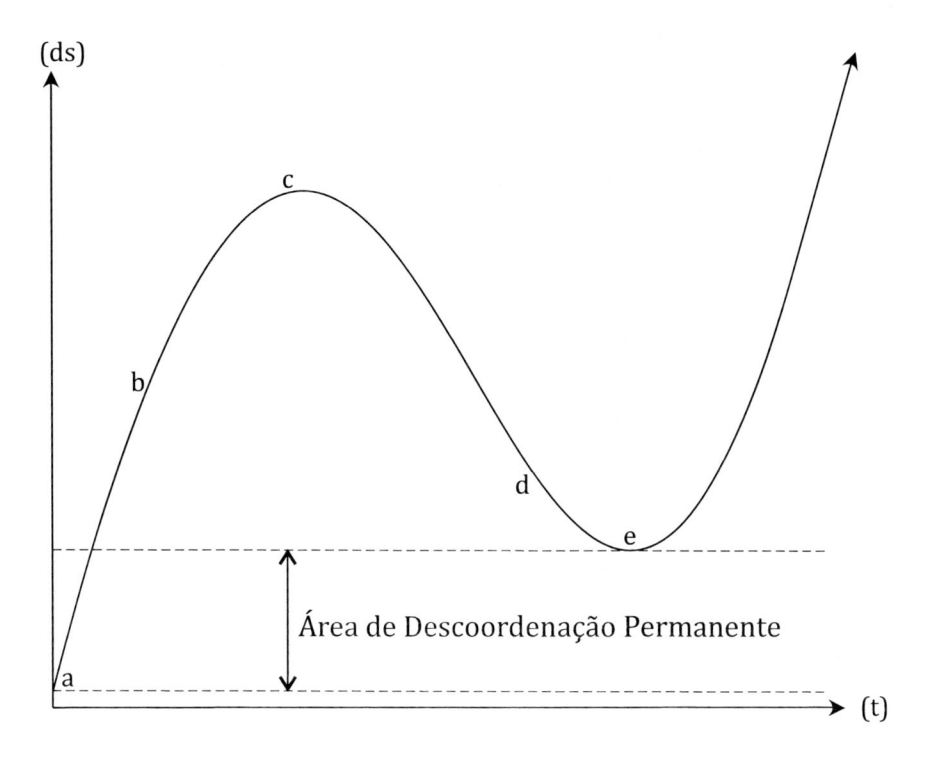

O simples fato de se operar economicamente na ilegalidade já torna todo o processo mais custoso, uma vez que os gastos com "segurança" e proteção dos produtos acaba exponencialmente crescendo. Jamais um mercado paralelo conseguirá obter maior, ou sequer a mesma, coordenação econômica social que um modelo laissez-faire consegue. Por essa razão que o ponto (e) sempre necessariamente estará acima do (a), formando aí o intervalo mencionado.

Bem verdade que esse desnível específico pode não estar presente quando se analisa separadamente diferentes setores que passam da economia legal a um mercado paralelo, especificamente nas áreas em que, mesmo legalizadas, já estiveram historicamente sob forte influência reguladora e interventora do estado, ainda que em uma economia mista. Nesses casos, não seria improvável que o mercado paralelo ofereça melhores preços daqueles que já eram praticados anteriormente, antes do avanço a uma economia socialista, uma vez que – agora mais "livres" – possa haver uma compensação pelas regulações de outrora, bem como um aproveitamento marginal da nova estrutura de coordenação ilegal existente. Entretanto, em relação à economia geral, os custos totais necessariamente serão maiores no mercado paralelo, razão pela qual o intervalo se mantém.

Veremos agora o que leva, e o que significa, a repetição sucessória desses ciclos.

Capítulo 4.2

O avanço e cumulação de ciclos

Vários são os fatores que influenciam o andamento do ciclo, o intervalo entre ação e reação, o delineamento da próxima medida de avanço de socialismo a ser tomada e a opção pelo retorno a uma economia mista.

Em uma analogia à Teoria dos Ciclos Intervencionistas,[239] o tempo para que o mercado paralelo reaja dependeria também da forma e dos obstáculos impostos pelo governo.

Como Mises ilustra:

> As autoridades gostam de avaliar com otimismo os efeitos de suas ações. Se o congelamento de preços fez com que mercadorias de melhor qualidade fossem substituídas por bens de qualidade inferior, a autoridade estará sempre disposta a desconsiderar a diferença de qualidade para persistir na ilusão de que a intervenção produziu o efeito desejado. Às vezes um sucesso pequeno e temporário pode ser atingido à custa de um preço caro a ser pago no

---

[239] IKEDA, op. cit., p. 99

futuro: os produtores de bens atingidos pelo congelamento de preços podem preferir suportar perdas por um certo tempo, para não correr novos riscos; podem ter medo, por exemplo, de que suas fábricas sejam saqueadas pelas massas incitadas, sem que o governo lhes dê a proteção adequada. Nesses casos, a medida de controle fiscal conduz a um consumo de capital e, dessa forma, indireta e eventualmente, a uma diminuição de futura oferta de produtos.[240]

A ação e reação que causam o ciclo dão vida a um sistema contínuo de macro pressões, ou forças. Esses movimentos e suas inclinações políticas e econômicas também podem ser descritos e visualizados em um gráfico, apresentado a seguir:

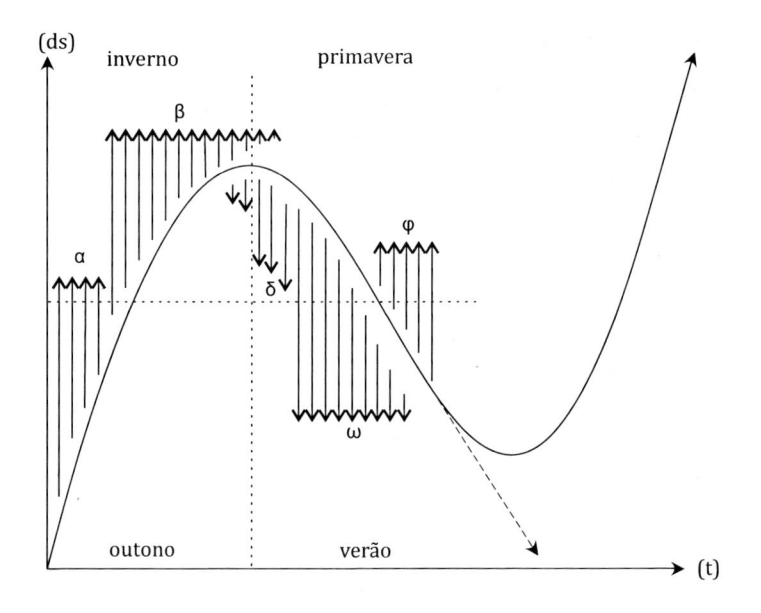

---

[240] MISES, Ludwig von. Intervencionismo: uma análise econômica. São Paulo: Instituto Ludwig von Mises – Brasil. 2010, p. 50

Retirando inspiração da brilhante interpretação de Helio Beltrão em relação aos ciclos de Kondratiev,[241] podemos analisar diferentes momentos do fenômeno gráfico como estações, mas de maneira inversa, uma vez que o aumento em relação ao eixo (ds) sinaliza algo negativo e indesejável.

Assim, no outono, a descoordenação é majoritariamente resultado da força *alpha* (α), que representa as consequências do impacto mais direto da agressão socialista sobre a ação humana. São os primeiros sinais de descoordenações que surgem como resultado da intervenção na cataláxia. Já na fase de inverno, os erros econômicos começam a se multiplicar exponencialmente na medida em que afetam todas as demais áreas e setores da economia, viciando o sistema de preço e seus sinais, representado na força *beta* (β). É nesse momento que lentamente o mercado paralelo vai surgindo, inicialmente angariando o que se pode chamar de *early adopters*: aqueles que são forçados a recorrer à ilegalidade de trocas por necessidade de subsistência. Isso representa a força *delta* (δ), sinalizando a chegada da primavera. Essa adoção acaba gerando o sinal para que os demais agentes também se engajem no mercado paralelo, não somente por necessidade extrema, mas sim por notarem que é mais benéfico para seus objetivos gerais, o que é representado na força ômega (ω). Nesse período que a pressão por avanço do controle social começa a ressurgir com a força *fi* (φ). Quando a força ômega está em seu maior potencial é que ocorre o verão do Ciclo Humanitário.

Importante notar que na medida em que o país avança para uma nova fase no sistema, o ciclo começa a ficar mais aberto e mais volátil, pois não só a ação agressora é mais ampla, cara e complexa de ser implementada, como também a resposta é mais extensa e rebuscada. Para que um país socialista abandone o regime, faz-se necessário que a pressão por abandono seja maior que a pressão por uma nova tentativa de regime socialista, de forma a "dobrar" a curva do novo ciclo para baixo, encerrando o processo.

---

[241] BELTRÃO, Helio. Kondratiev – a irresistível força gravitacional dos ciclos longos. 6 de junho de 2013. Instituto Mises Brasil.

Interessante apontar também a relatividade do fator temporal para que se complete um ciclo, e como a ação socialista original pode ser brusca o suficiente para já projetar um que tenha seu cume, ponto (c), na área da terceira fase, com uma crise humanitária instantânea, principalmente quando o modelo é estabelecido através de uma revolução.

De forma proporcional, um dos regimes mais brutais foi o Khmer Rouge, acontecido no Camboja. Nele é estimado a morte de 2 milhões de pessoas, ou 26% da população total do país,[242] em consonância com o renomado estudo apresentado pelo pesquisador da Universidade de Geneva, Marek Sliwinski.[243] Todo esse processo, entre o estabelecimento da ação agressora (socialismo) e o abrandamento do regime, deu-se em apenas 3 anos e 8 meses. Uma projeção gráfica deste caso mostraria quase que somente um cume, rapidamente alcançado, com um ponto de retorno encerrando a experiência.

Porém, na maioria dos casos não é assim. Os ciclos tendem a se repetirem, levando os países para um avanço de repressão, atravessando as três fases. Ainda que algumas experiências já tenham começado totalitárias, como as da União Soviética e Cuba, por exemplo, elas ainda foram avançando através desse ciclo até chegarem em uma área que sinalizaria a terceira fase do processo apresentado no capítulo anterior. Toda essa questão gira em torno do momento decisório, o ponto (d) nos gráficos acima.

Caso a decisão seja por renovação, a ação agressora necessariamente terá que levar o sistema a um ponto maior de coerção e planejamento do que o pico anterior, como consequência da Área Permanente de Descoordenação (ADP) explicada acima. Para compreender melhor, imaginemos um processo de ciclos repetitivos em que seja possível identificar, ao menos, três de suas ocorrências sucessivas. Uma vez que o ponto $(e)1$ estará acima do $(a)1$, consequentemente o ponto $(a)2$ também estará, fazendo com que o $(e)2$ esteja superiormente acima, bem como o $(a)3$ e o $(e)3$, e assim sucessivamente,

---

[242] Black Book of Communism, p. 589

[243] SLIWINSKI, Marek. Le génocide khmer rouge. Editions L'Harmattan (January 1, 1995). P. 49-67

conduzindo todos os ciclos, e então o sistema, a um aprofundamento da descoordenação. Quanto menor a ADP, mais gradual é a implementação do socialismo.

Além disso, também podemos deduzir a tendência de avanço dos ciclos pelas fases pois seria ilógico a ação humana, dos detentores do poder, repetir exatamente um ato passado esperando os mesmos resultados (ainda que seja irônico assumir que o estado agiria logicamente); e também porque nenhuma circunstância presente é igual a uma circunstância passada ("ninguém entra duas vezes no mesmo rio"). A expansão do socialismo se assemelha a uma contínua injeção de heroína no sistema, na medida em que cada vez se faz mais necessário aumentar a dose, mascarando a deterioração efetiva que o corpo, neste caso a sociedade, vem sofrendo.

É desse processo de pressões e evoluções dos ciclos, incorporado na efetiva manutenção e aprofundamento do processo socialista, que surge o "Caminho da Servidão", apontado com brilhantismo em 1944 por Friedrich Hayek:

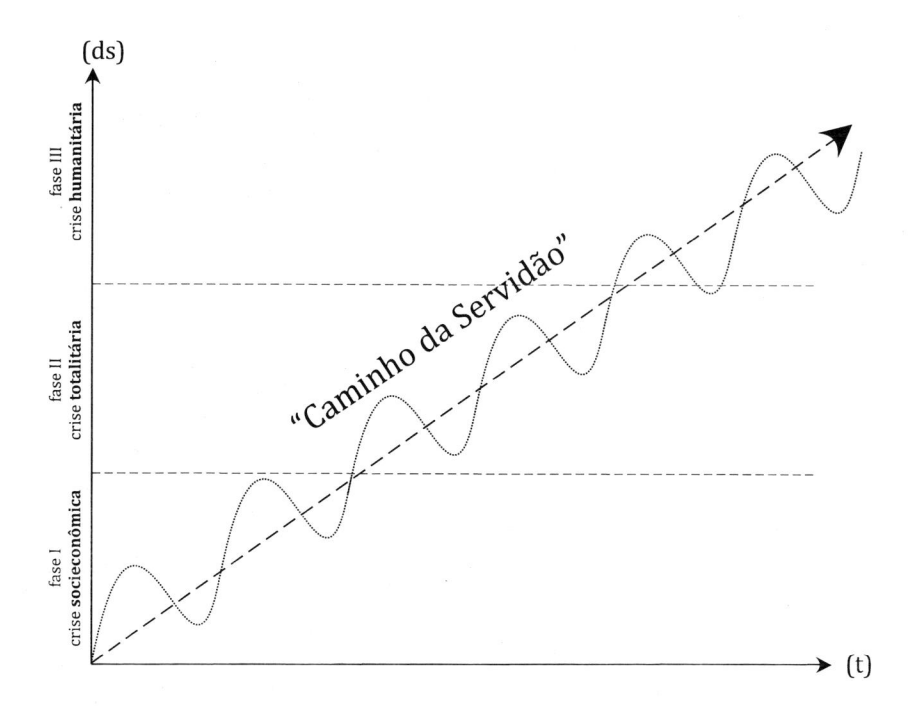

Hayek também explica o acúmulo do ciclo e sua inegável tendência a se expandir e subir para as próximas fases que este livro apresentou. De acordo com o autor,[244] os resultados do planejamento econômico tornam difícil encerrar o processo de socialismo, uma vez que surge a impressão que, para se obter o controle, faz-se necessário que cada vez mais a economia esteja sob a autoridade e jurisdição do órgão planejador.

É importante destacar que os pontos apresentados graficamente são grandes aproximações de uma tentativa de visualização. Jamais uma economia estaria situada como um ponto fixo no gráfico. Mercados são processos dinâmicos e, neste caso, um país estaria representado como um constante movimento em determinada área, similar a um elétron "posicionado" em um átomo.

Vale apresentar aqui o que Ikeda chama de "paradoxo de Mises": como seria possível que economias interventoras sejam o modelo mais comum encontrado hoje? *Ou* como explicar a insistência no modelo socialista pela história?

A resposta para essas questões reside exatamente no que é apresentado neste capítulo, na medida em que *instável* é diferente de *transitório*. Toda vez que o sistema econômico encontra contradições internas ele acaba por reagir, ainda que de forma muito pequena, conforme o ciclo aqui descrito, se adaptando, indo e voltando na escala de quão descoordenado (e socialista) ele está. Como foi apontado no início desta obra, nunca nenhuma nação foi integralmente capitalista (laissez-faire) ou socialista. Todos os governos constantemente flutuam no intervalo entre esses dois pontos.

Um fator que auxilia o sistema de pressões políticas a serem determinantes na formação do ciclo é o fato de que o socialismo gera a impossibilidade crescente

---

[244] HAYEK, op. cit.

de se adquirir e compreender conhecimento da economia. De fato, qualquer aprendizado em cima dele seria inútil.

Quando o socialismo destrói a comunicação entre os agentes (aniquilando o sistema de preços), o que ocorre é que estes passam a estar longe do que seriam em realidade. Em um ambiente de livre mercado, os preços refletiriam de forma mais precisa o tradicional ponto de equilíbrio entre oferta e demanda. Entretanto, na medida em que eles refletem uma informação equivocada, não é mais possível auferir o ponto de equilíbrio pois não há um sistema de ofertas a serem aceitas ou recusadas. Uma vez que tudo deve ser alocado conforme planejamento,[245] os preços auferidos consequentemente serão errôneos. Como resultado, qualquer conhecimento obtido em cima dessas informações estará igualmente viciado, perpetuando e espalhando o erro. Como Ikeda aponta, "em equilíbrio, aprendizado é desnecessário. Fora dele, aprendizado é inútil."[246]

Uma verdadeira bola-de-neve de erros é formada, na medida que qualquer formulação, análise ou teoria formulada baseada nos dados obtidos estarão fadados ao fracasso. É impossível inclusive que qualquer modelo econométrico possa apresentar resultados reais. Essa confusão intelectual conduz a um processo de descrédito dos "técnicos" do órgão planejador frente aos chefes do regime, uma vez que toda análise elaborada por eles acaba sempre se mostrando equivocada,

---

[245] Os chamados modelos de "socialismo de mercado" tentaram solucionar essa questão estabelecendo uma hipótese em que o órgão planejador executaria a fixação de preços através de um sistema de tentativas e erros (Modelo de Lange), ou seja, da mesma forma que um empresário capitalista o faz. Este modelo em especial possui seríssimas deficiências ao desprezar o aspecto temporal, a dispersão do conhecimento, a complexidade social e o caráter de processo que o mercado possui. Vale estudar o debate em torno desse modelo entre Oskar Lange e F. Hayek a partir da década de 30. Nesse sentido recomenda-se BARBIERI, Fabio. História do Debate do Cálculo Econômico Socialista. 1ed. São Paulo: Instituto Ludwig von Mises: 2013.

[246] IKEDA, op. cit., p. 98

dando espaço para que discursos políticos substituam o debate econômico, que poderia reverter a expansão do socialismo.

Também é válido analisar a hipótese de uma suposta existência de correlação entre a distância proporcional de (a) a (c), e de (c) a (d), em relação ao eixo (ds), em um cenário de ciclos repetitivos. Ainda que possa haver uma tendência aparente, seria imprudente assimilar a existência de uma correlação positiva. Isso porque o principal fator que determina o nível de coordenação econômica, que será recuperado pelo mercado paralelo, é o custo que ele encontrará para sua penetração pela cataláxia.

O custo, no sentido apresentado, não tem correlação direta com a descoordenação econômica, mas sim com uma série de fatores que podem ou não estar relacionados ao ambiente do estado. Por exemplo: uma ação expropriatória de todas as propriedades agrárias pode causar grande descoordenação, mas se as punições para descumprimento de ordens econômicas forem pesadas, o risco de se engajar no mercado paralelo será alto, logo os custos serão maiores, e o intervalo entre (c) e (d) será muito menor proporcionalmente ao de (a) e (c). Um cenário oposto também é possível, na medida que um mero tabelamento de preços não cause uma grande descoordenação, mas se as punições forem brandas ou completamente ineficazes, os custos de se desviar do planejamento do regime serão baratos, aumentando o tamanho do mercado paralelo, quase equivalendo o intervalo de (a) a (c) e o de (c) a (d).

Outros fatores que igualmente fazem diferença para determinar o tamanho entre os pontos (c) e (d) em relação ao eixo (ds) incluem a forma e tipo da ação (regra, expropriação, taxação, tabelamento, burocracia, etc.), o tamanho, a complexidade, a localização, os interesses concentrados (sindicatos, políticos, etc.), a punibilidade (pecuniária, prisional, capital, etc.), entre outros. Não seria prudente estabelecer uma correlação.

Veremos agora os fatores que influenciam o fim ou a renovação de um novo ciclo.

Capítulo 4.3

Aprofundamento ou descontinuidade

A escolha entre uma nova tentativa, ponto (e), ou o abandono do sistema, ponto (f), com uma reversão à economia de mercado, seja ela intervencionista ou mais *laissez-faire*, depende do processo de realização e descoberta em torno da complexidade e ignorância (no sentido técnico) que permeiam um sistema socialista.

O momento decisório (d) é um fenômeno radicalmente político, o qual não cabe ser analisado tão somente através das lentes das ciências econômicas. São inúmeros os fatores internos e externos que podem determinar qual será o encaminhamento quando ele se fizer presente. Teóricos austríacos chamam este momento, em economias intervencionistas, de *nodal points*.[247]

Outro fator fundamental que explicaria uma decisão em direção ao ponto (e), e a pressão por uma nova tentativa de expansão socialista, é o fato de que o sucesso e a aprovação de uma política pública não são medidas por quanto ela alcança seus objetivos propostos, mas sim por como os seus apoiadores a percebem subjetivamente.[248] Isso fornece espaço para que o movimento político pró-socialismo

---

[247] IKEDA, op. cit., p. 139

[248] IKEDA, op. cit., p. 110

possa usar qualquer tática de propaganda e informação que corrobore a ideia de que suas ideais são as corretas.

Não é por outra razão que todas as experiências acabaram por tomar e se apropriar dos meios de imprensa, como forma de manipular a opinião pública. No exemplo mais recente de socialismo, notadamente na Venezuela (em maior escala) e na Argentina de Kirchner (em menor escala), esse controle veio sob o título de "regulação da mídia", tentando – inclusive – chegar ao Brasil, através de proposta do Partidos dos Trabalhadores (PT).[249]

O papel da ideologia em manter viva a fé irracional em torno do socialismo, e então renovar o ciclo, é fundamental nesse processo.

Fazendo uma analogia ao processo de reversão de uma ação interventora apresentado por Sanford Ikeda,[250] o processo de condução à economia de mercado tende a depender de uma soma de resultados inesperados, contradições internas e ideologia. Uma crise dentro do *establishment* decisório tende a surgir, com usualmente duas condições necessárias, mas não suficientes. A primeira é o fato de que os atores com maior influência decisória notam – finalmente – que os resultados das políticas socialistas não estão sendo eficientes para os fins que eles almejavam ao implementá-las. A segunda é o fato de que esses mesmos atores se dão conta que o sistema possui falhas lógicas que comprometem o sucesso das mesmas em maneiras fundamentais, levando não somente ao fracasso das mesmas, mas também a contradições.

É nesse momento em que a ideologia acaba sendo um fator com grande peso decisório, dado seu poder de dominância intelectual, a resposta que os

---

[249] Dilma vai enviar proposta de regulação da mídia ao Congresso. Site Oficial do Partidos dos Trabalhadores (PT). 10 de outubro de 2014. Acesso em < http://www.pt.org.br/dilma-vai-encaminhar-proposta-de-regulacao-da-midia-ao-congresso-nacional/>

[250] IKEDA, op. cit., p. 120

detentores do poder encontram pode ser pelo aprofundamento do modelo socialista, ou sua desistência. Outros fatores que determinam a decisão são a perspectiva com que encaram os resultados das políticas tentadas (diretamente influenciada pela ideologia) e a quantidade e qualidade das informações que recebem no processo de avaliação.

Uma nova tentativa (e) implica novos custos para sua implementação, e essa diferença causa mudanças marginais na ideologia que dá suporte ao regime, alterando as preferências que irão determinar o futuro do sistema. Conforme aponta novamente Ikeda, a velocidade e direção que o sistema irá tomar é resultado de como os decisores conseguem perceber os custos e benefícios de uma nova tentativa, e a clareza com que conseguem entender a conexão entre o socialismo e as consequências do que estão tentando combater.

Isso se torna problemático pois a percepção dos dirigentes em entender o erro de seu experimento acaba se debruçando sobre a complexidade e descoordenação das informações. Da mesma forma que Hayek apontou que se é impossível reunir o conhecimento necessário para o planejamento central de uma economia, torna-se igualmente inconcebível que se consiga compreender, dentro de um processo tão complexo, quais são as causas específicas de cada problema econômico gerado pelo socialismo. Essa dificuldade fundamental dá a oportunidade para que qualquer tipo de explicações e interpretações do que está ocorrendo sejam criadas, muitas vezes contraditórias, e em alta velocidade. O governo torna-se uma máquina de gerar "desculpas" e justificativas. Com o intuito de preservar o poder, dado que o objetivo de quem está no comando é maximizar seu tempo nessa posição, os dirigentes irão escolher como válida a narrativa que lhes for mais conveniente, sem poder levar em consideração qual seria a real.

Assim sendo, a descoordenação gerada pelo socialismo será também um fator que irá prevenir que as soluções reais para o problema sejam encontradas, prejudicando o encaminhamento ao ponto (f). O fato de que o sistema de preços foi destruído no momento em que o socialismo foi implantado acaba por prejudicar toda e qualquer informação econômica, e por consequência, suas interpretações. Sem sequer ter uma base de dados reais do que está acontecendo, torna-se impossível fazer análise econométrica para auferir conclusões econômicas no modelo *mainstream*.

A soma da complexidade, descoordenação e ideologia tendem a levar ao aprofundamento do sistema, ponto (e), em detrimento do retorno a uma economia de mercado, ponto (f).

Entretanto, não se pode excluir o fator de que uma decisão de (d) para (e) também seja resultado de fortes incentivos para que os governantes maximizem seus tempos no poder. Logo, pode-se agrupar em duas grandes categorias as razões pela qual o ciclo se renova:

> – *por ignorância*, em razão da impossibilidade de se identificar a origem e as causas dos problemas de descoordenação que se apresentam;

> – *por deliberação*, uma vez que os dirigentes querem perpetuar o poder que detém somente em um modelo socialista de economia.

É válido também questionar por quantas vezes o ciclo pode se renovar até que o regime abandone o socialismo. O conceito de fundo de reserva, *reserve fund*, elaborado por Mises acaba sendo essencial neste ponto. Ele se baseia no fato de que "a ideia subjacente a todas as políticas intervencionistas é a de que a renda e a fortuna da parcela mais rica da população é um fundo do qual pode ser extraído o necessário para melhorar a situação dos mais carentes."[251]

---

[251] Ação Humana, p. 965

É usando esse fundo de riquezas acumuladas antes da implantação do regime que o socialismo consegue obter alguns melhoramentos sociais, manipulando a opinião da sociedade à sua ideologia com o objetivo de estender o tempo de vida do sistema sob seu comando. Mesmo quando o fundo não advém somente de riquezas previamente acumuladas, mas é gerado através recursos naturais, como no caso da Venezuela (em que adveio do petróleo), ele consegue prevenir o sistema de implodir por um tempo, mas jamais fazer com que o socialismo dê certo.

Essa interpretação inclusive reforça a famosa citação da ex-Primeira Ministra britânica, Margareth Thatcher, de que "o socialismo dura até acabar o dinheiro dos outros." Apesar do forte apelo político da frase, existe uma base econômica para ela.

Apesar do conceito de Mises ter sido elaborado no cenário de uma economia intervencionista (*mixed economy*), uma analogia ao modelo socialista é completamente possível. O processo de criação de riquezas é completamente destruído pelo sistema central, fazendo com que, para sobreviver, o sistema comece a usar todos os recursos que formariam uma "reserva". A economia socialista duraria até que esse fundo fosse esgotado.

Essa reserva acaba sendo reabastecida aos poucos, ainda que de forma muito lenta durante o socialismo. O próprio mercado paralelo acaba por criar riquezas que poderão indiretamente contribuir com ela. Razão pela qual sistemas de legalização desses recursos podem surgir esporadicamente. Porém, jamais em um nível que torne a economia socialista sustentável, como a história repetidamente demonstrou. O nível com que a reserva será drenada depende muito do tipo de política que será usado, e seus custos.

Quando finalmente chega a decisão de descontinuidade do sistema socialista, ponto (f), a intensidade da reversão ideológica determinará o quão livre será o novo modelo adotado. Nesse momento o fundo de reserva começa a se recuperar, na medida que ocorre acúmulo de capital e investimento de capital líquido, ambas igualmente aumentando a produtividade, e somando a uma recuperação gradual.

É nesse momento que uma proposta tentadora pode ressurgir: na medida em que o fundo de reserva se recupera gradualmente, os dirigentes podem concluir que uma nova tentativa ao socialismo é possível. *Talvez dessa vez ele vá dar certo.* Como aponta o economista brasileiro Fabio Barbieri:

> "(...) assim que uma reforma liberalizante alivia os males causados pelo acúmulo de intervenções, aumenta novamente a demanda pelas mesmas intervenções, na medida em que a hostilidade aos mercados for uma força presente. Se prestarmos atenção na história, essa hostilidade não é apenas um fenômeno atual. Hayek, por exemplo, mostra que em épocas e civilizações passadas o sentido de repugnância aos mercados é uma constante. Para o autor, isso é explicado pela moral tribal que marcou a evolução cultural da humanidade. Essa moral rejeita o tipo de normas abstratas necessárias para o convívio em uma sociedade mais complexa."[252]

O capital político, nesse sentido, acaba sendo essencial para forçar o não--retorno ao socialismo. "Na presença da ideologia estatista, cada fracasso de uma intervenção gera demandas por novas intervenções: a culpa dos problemas nunca é a intervenção em si, mas a falha em aplicar a lei e o egoísmo dos agentes econômicos. Exigem-se então novas e mais rigorosas leis".[253]

---

[252] BARBIERI, op. cit., p. 98

[253] BARBIERI, op. cit., p. 103

Entretanto, após décadas de regime socialista, alguns hábitos interventores persistem, e é comum que nesses momentos o governo use de "ações amenizadoras" para socorrer aqueles que se veem prejudicados pelo retorno a uma economia de mercado.

Ademais, a moral da sociedade que passou pelo sistema socialista foi altamente prejudicada.[254] Fatores que contribuem para a formação da opinião ideológica, decisiva para o ponto (d), envolvem as visões acerca de família, associações civis, religião, imprensa, grupos organizados, etc. Essas instituições moldam a forma com a sociedade pode responder no momento decisório. Logo, devem ser controladas pelo regime, como se viu na segunda fase do processo trifásico.

O legado da expansão soviética moldou a opinião nesses aspectos até os dias de hoje. Pessoas bem-intencionadas da sociedade civil acreditam fielmente na necessidade do avanço do estado sobre a economia para proteger as pessoas dos "horrores do mercado". Todo um discurso ideológico e exacerbado é feito, de forma a culpar a liberdade econômica pelos problemas decorrentes do planejamento e intervenção de governos.

John Larrinee aponta que a supremacia desse discurso hoje é resultado da dificuldade das pessoas em estabelecerem uma conexão entre as tragédias do passado (comunismo, fascismo, nazismo, entre outras) com as teorias econômicas que os deram base e sustentação.[255]

Certamente a alienação das novas demografias em relação ao ocorrido no passado se revela como uma ameaça perigosa ao desenvolvimento humano. A falha de se associar como o controle de preços de combustíveis advém da mesma

---

[254] LARRIVEE, John. It's not the markets, it's the morals: How Excessively Blaming the Markets Undermines Civil Society. In: WOOD Jr., Thomas E. Back on the Road to Serfdom. ISI Books.

[255] Ibid.

teoria econômica estatizante do passado, que sempre acabou se mostrando errada; ou como a centralização da educação pelo estado é fruto da busca por oportunidades de abusos de caráter totalitário, dando a chance para que o governo manipule como as pessoas devem interpretar a realidade; representa uma necessidade de manter vivo o estudo das teorias e suas implicações práticas. A esquerda deveria ir ler um livro de história (econômica).

Capítulo 4.4

O atraso ou ausência de reação em casos específicos

Esta obra não poderia deixar de abordar o caso de países que parecem não responder ao processo de estatização econômica com a reação de formação de um mercado paralelo conforme descrito anteriormente. São nações que, apesar de estarem muito bem classificadas nos índices de qualidade de vida, possuem um forte estado de bem-estar social. É o caso dos países escandinavos.

O primeiro ponto a ser destacado no caso de países desse tipo é que, ainda que possuam um pesado estado de bem-estar social com enormes gastos governamentais, são eles também as nações com alguns dos maiores níveis de liberdade econômica (capitalismo) hoje existentes. No ranking anual elaborado pela *Heritage Foundation*, Dinamarca, Islândia, Suécia, Finlândia e Noruega estavam, em 2016, no top 25 dos países mais capitalistas do mundo, com excepcional desempenho principalmente em proteção à propriedade privada e livre comércio.[256] Somente por essas informações, defender o socialismo inspirado nesses modelos já seria hipócrita e ignorante.

---

[256] Notar que jamais se deve confundir livre comércio com livre mercado.

Além disso, esses países possuem um dos melhores ambientes de negócio do mundo,[257] também estando entre os mais globalizados atualmente.[258] Grandes bandeiras sindicais, como o salário-mínimo imposto pelo governo, são inexistentes na Suécia, Noruega e Dinamarca.

Entretanto, persiste de fato um paradoxo, pois esses países possuem áreas fortemente "socializadas" enquanto mantém um sistema de mercado com alto grau de proteção à propriedade privada com o objetivo de gerar renda e qualidade de vida de toda à população.

Esse sistema ficou conhecido como "modelo nórdico" (*Nordic model*). Dado a alta produtividade aliada à criação de riquezas, resultantes do capitalismo, o governo pôde historicamente se "dar ao luxo" de gastar de forma mais expansiva, financiando o estado de bem-estar social, principalmente após a década de 1950.

Essa alta produtividade, alinhada com geração de renda (graças ao grande nível de capitalismo), pode explicar como os efeitos de uma eventual descoordenação econômica acabam não sendo percebidos; da mesma forma com que um aumento de produtividade pode compensar uma bolha formada pela expansão de crédito, de acordo com a Teoria Austríaca dos Ciclos Econômicos (TACE).

Uma leitura superficial e romântica sugeriria que se trata de algo bom ter capitalismo de um lado, e socialdemocracia de outro. Porém, a questão, como Bastiat apontava, é sobre *o que não se vê*.

Um estado pesado, mesmo com uma economia de mercado, não consegue sustentar esse modelo por muito tempo. O exemplo da Suécia é emblemático. Até 1950 o país era um dos mais capitalistas do mundo, com um governo mais

---

[257] Doing Business Ranking, http://www.doingbusiness.org/rankings

[258] http://ceoworld.biz/2015/10/15/the-top-25-most-globalized-countries-2015

enxuto que o norte-americano à época. Esse modelo fez com que a Suécia tivesse o maior crescimento de PIB per capita registrado entre 1870 e 1950, se tornando uma das nações mais ricas e prósperas do planeta. Foi somente então, após a acumulação de toda essa riqueza, que os suecos decidiram mergulhar na experiência de um estado de bem-estar social, o que, como os dados inequivocamente mostram, comprometeu severamente seu crescimento – e sua dívida pública, até ir esvaziando o *reserve fund*.

Porém, o ponto mais importante a ser exposto, a respeito da aparente perpetuação desse modelo, reside no fato de que muitos dos problemas que levariam a uma descoordenação econômica, e então à reação no mercado paralelo, estão severamente amenizados pela conexão externa dos setores "socializados" desses países, principalmente dada a altíssima taxa de globalização econômica dessas nações.

O exemplo do setor de saúde é paradoxal nesse sentido. Ainda que um país possa manter um sistema público de saúde, a maior parte dos produtos e serviços oferecidos sofre constante influência do mercado internacional, especialmente advindo de países em que o sistema é amplamente privado, como nos EUA. Consequentemente, ainda que o sistema interno não seja capaz de obter avanços por si só, ele acaba se beneficiando da inovação tecnológica, redução de custos, melhoramentos de práticas e novas descobertas que só o setor privado é capaz de ofertar em larga escala. A indústria farmacêutica mundial continuará a pesquisar medicamentos mais efetivos, com menos efeitos colaterais e com melhor-custo benefício, ainda que alguns países tenham um sistema público de saúde. A mesma lógica é aplicada a toda a produção sistemática de recursos na área, desde maquinário hospitalar até acessórios domésticos de saúde básica.

Isso explica como foi possível que esses estados conseguissem sustentar, em parte, grandes áreas de bem-estar social por quase cinco décadas. Porém, nos anos de 1990, eles se viram forçados a reformar com urgência esses modelos para se salvarem de um colapso financeiro, se arrastando com medidas austeras e pensando em novas soluções, até hoje.

Entretanto, o interessante é que, mesmo com tudo isso, o estado de bem-estar social desses países ainda não é sustentável, e se não for alterado acabará por implodir, gerando a parte reativa do ciclo.

A Finlândia, que possui saúde e educação como sistemas públicos, está cada vez mais reconsiderando o modelo adotado, dado o crescente aumento do endividamento nacional (que saltou de menos de 15% em 1981, para 63% do PIB atualmente)[259] mesmo tendo uma das maiores cargas tributárias do mundo, com o imposto de renda sobre pessoa física chegando a 50% dos rendimentos dos trabalhadores. Um modelo de substituição, que tem sido considerado, é a distribuição de uma renda aos cidadãos, para que eles possam, a partir dela, fazer os gastos que hoje estão sob o governo. Dessa forma, o mercado voltaria a funcionar, tendo competição e livre iniciativa trazendo inovação e redução de custos. Ainda longe de ser a solução ideal, certamente já seria um avanço em relação ao modelo atual. A Suécia adotou um sistema de vouchers, que segue a lógica do sistema nomeado acima, a partir dos anos 1990s, e que tem largamente sido considerado um sucesso.[260]

Outros sinais de desgaste do modelo já podem ser percebidos. Na Suécia, graças a cinco décadas de socialismo no sistema de saúde, um jornal em 2013 revelou que médicos foram instruídos a priorizar pacientes baseados no potencial deles

---

[259] Dados oficiais das estatísticas do Governo da Finlândia. Acessível em: < http://www.stat.fi/til/jyev/index_en.html>

[260] http://ftp.iza.org/dp6683.pdf

como futuros pagadores de impostos.²⁶¹ Pessoas idosas, como terão menos tempo contribuindo ao sistema financeiro do governo, seriam baixa prioridade.

Em suma, apesar de prometerem ser bons modelos, no longo prazo, e sem um setor externo fortemente ancorado no modelo de mercado, os países escandinavos não teriam um aparente sucesso em manter um estado de bem-estar social. Espera-se que quando a nova geração olhar para essas experiências não se esqueça de vislumbrar todo o aspecto capitalista que essas nações possuem, com forte proteção à propriedade privada, excelente ambiente de negócios, baixíssimo imposto de renda sobre empresas (*corporate tax*), etc.

---

[261] BERNPAINTNER, Klause. The truth about SwedenCare. 10 de Julho de 2013. Mises Institute, USA. Disponível em: <https://mises.org/library/truth-about-swedencare>

Capítulo V

Desafios contemporâneos

As questões apresentadas neste capítulo representam a luta da tradição liberal clássica em relação aos fenômenos econômicos vividos atualmente. Isso não significa que a análise do capítulo passado se refira tão somente a algo retrógrado já descartado pela humanidade. Muito pelo contrário: a ideologia econômica por trás do socialismo se mantém viva, e no mundo contemporâneo acabou evoluindo para se reinserir na sociedade atual através de um discurso de "igualdade material", "distribuição de renda", "diversidade", "justiça social", etc.

Ainda que tenha sido o grande ator que "conduziu" a humanidade a um novo patamar de desenvolvimento jurídico, o liberalismo se manteve vivo e evoluindo intelectualmente desde sua consolidação a partir do século XVIII, com grandes pensadores que avançaram sobre pontos das teorias tradicionais, buscando novas soluções para problemas contemporâneos, em cima da visão do que devem ser os chamados direitos humanos. Vamos a análise.

Capítulo 5.1

Os direitos humanos no liberalismo contemporâneo

Dentro da tradição metodológica da Escola Austríaca, que baseou e orientou esta obra, existem duas grandes correntes desse escopo que merecem destaque, sendo uma baseada na ideia de que existem direitos naturais que antecedem o homem (Rothbard), e outra na ideia de que eles são necessariamente parte da ordem espontânea e a evolução moral da sociedade (Hayek).

Corrente jusnatural ou *rothbardiana*

A primeira perspectiva é alicerçada na ideia de direitos naturais (jusnaturalismo), a filosofia de que os direitos humanos antecederiam a vida do homem em sociedade. Na perspectiva desenvolvida pelo filósofo americano Murray Rothbard, eles nascem do conceito natural de propriedade, ou mais especificamente, *autopropriedade*.

A essência clássica dessa tradição está dada na ideia de que todos os direitos são radicalmente negativos: nenhum indivíduo deve sofrer interferência na sua liberdade de uso e disposição de sua propriedade, a qual começa com nosso corpo. Eis o chamado princípio da não-agressão (PNA). Conforme explica o economista americano Walter Block, "o axioma da não-agressão é a espinha dorsal da filosofia [liberal contemporânea] (libertarianismo). Ele determina que todos podem fazer aquilo que desejam, desde que não iniciem (ou ameacem iniciar) violência contra outrem, ou sua propriedade legitimamente adquirida."[262] Nas palavras escritas em 1689, mas ainda surpreendentemente atuais:

> "Todo homem tem a propriedade de si mesmo, e a isso ninguém tem qualquer direito a não ser ele próprio. O trabalho de seu corpo, e o resultado de suas mãos, são propriamente dele. Tudo que ele remove do estado de natureza e mistura com seu trabalho, fazendo algo que refleti a si, transforma em sua propriedade."[263]

A filosofia de Rothbard se relaciona com a liberal clássica na medida em que a autopropriedade formaria a base para todos os demais "direitos humanos", ainda que o filósofo não tenha elaborado de forma concreta a tríade tradicional, conforme se descreverá abaixo.

A autopropriedade é a ideia de que o indivíduo é o único proprietário de seu próprio corpo (propriedade endógena). Essa ideia segue a concepção elaborada pelo pai do liberalismo clássico, John Locke.[264] Sendo assim, o indivíduo tem o direito à sua vida e existência. Sendo proprietário de seu próprio corpo, ele detém

---

[262] BLOCK, Walter. The Non-Aggression Axiom of Libertarianism. March, 2003. The Lew Rockwell Website. USA.

[263] LOCKE, 1689, op. cit.

[264] Como referido em: BLOCK, Walter E. (2015), Expiration of private property rights: a note, The Journal of Philosophical Economics: Reflections on Economic and Social Issues, VIII: 2, 43-65

o direito de usá-lo e possuí-lo conforme seu livre arbítrio julgamento e discernimento, tendo então o direito à liberdade.

O direito à propriedade exógena (de coisas além de seu próprio corpo) surge do fato de que, já sendo ele o proprietário de seus meios corpóreos, tudo aquilo sobre a qual ele aplica seu trabalho passa a ser igualmente dele, contanto que não seja previamente propriedade de outrem (*res nullius*). Essa ideia vem do histórico conceito de *homesteading*: algo passa a ser possuído após um ato original de apropriação em que trabalho tenha sido despendido.

Esse princípio foi primeiro visto na filosofia liberal clássica,[265] que arguiu que a mistura (*mixing of labour*) entre seu próprio corpo e trabalho, por este executado resulta na propriedade adquirida de algo ainda sem dono. O renomado professor de Harvard, Robert Nozick, chamou isso de *Lockean proviso*,[266] reconhecendo o caráter negativo e individual dos direitos.

Resumidamente, a tríade clássica estaria em Rothbard da seguinte forma: vida (propriedade endógena), liberdade (uso e disposição da propriedade legitimamente adquirida) e propriedade (exógena). Assim, pode parecer simplesmente uma nova justificativa de teoria clássica conforme esposada por John Locke e George Mason (o pai do *Bill of Rights* norte-americano). Entretanto, a diferença fundamental é que na filosofia de Rothbard os direitos não são aplicados na perspectiva de indivíduos contra o *Leviatã*, mas sim somente nas relações entre aqueles, uma vez que o próprio estado tem sua existência questionada, por um problema de moralidade.[267] Eis a justificativa ética do chamado anarcocapitalismo.

---

[265] LOCKE, op. cit.

[266] NOZICK, Robert. Anarchy, State and Utopia. 1971.

[267] Deriva-se daí a perspectiva deontológica do anarcocapitalismo. Ver mais em ROTHBARD, Murray. Por uma Nova Liberdade. 1ed. São Paulo: Instituto Ludwig von Mises – Brasil.

A combinação dessa tríade, sob um escrutínio radical de propriedade, pode levar à formação do que seriam hoje os direitos humanos individuais positivados, na perspectiva de um jurista *mainstream*. O direito à liberdade de expressão seria o resultado do uso da liberdade do indivíduo sobre determinados matérias aos quais ele possui propriedade, com o objetivo de disseminar conhecimento e informação. Nessa perspectiva, por exemplo, não existiria liberdade de expressão na propriedade alheia. Ninguém poderia entrar na casa de um vizinho para fazer um discurso político, e justificar sua ação como justa, pois possuiria simplesmente a garantia de "liberdade de expressão." O que importaria não seria o exercício do discurso, mas a propriedade do papel e da tinta com que o indivíduo divulgasse suas ideias. O exercício da liberdade é a disposição de sua propriedade, desde que não viole as dos demais.

Através desse raciocínio de valorização da propriedade como base fundamental de todas as garantias, os demais direitos clássicos (proibição à escravidão, liberdade religiosa, vedação à tortura, livre associação, etc.) seriam o resultado da dedução dessa perspectiva através do uso e disposição de uma propriedade para fins objetivados pelo indivíduo.

Nessa perspectiva, os direitos humanos acabam sendo adimplidos quando os demais indivíduos de uma sociedade se abstêm de qualquer conduta que seria considerada uma agressão não justificada.[268] Como na versão clássica, não existem quaisquer direitos positivos (prestações, como os direitos sociais) nessa filosofia.

Vale mencionar que essa filosofia é muito próxima da perspectiva apresentada pela filósofa russa Ayn Rand, que também acreditava em uma visão radical de liberdade individual, sob a qual os direitos a vida, liberdade e propriedade eram frutos da razão humana e antecediam o estado.[269] Ainda que ambos concordassem

---

[268] A única justificada seria a de autodefesa (*self-defense*).

[269] RAND, Ayn. The Objectivist Ethics.

na ideia de algo próximo ao princípio de não-agressão, Rothbard expandiu a ideia de liberdade ao ponto em que a própria existência do estado seria imoral, na medida em que taxação seria uma forma de agressão não-justificada, ou roubo (*taxation is theft*), já que os indivíduos não teriam concordado com a existência de um contrato social, tendo sido a eles impostos a existência do estado.

Ayn Rand acreditava, de outro lado, que a existência do estado era necessária. Segundo ela, o estado seria uma maneira objetiva de organizar a força física retaliatória resultante de uma agressão injusta,[270] ou seja, fornecer um sistema judiciário que coordene as punições e penas resultantes de uma conduta criminal.

Corrente evolutiva ou *hayekiana*

A segunda grande corrente dentro da Escola Austríaca, pela qual podemos vislumbrar a forma com que direitos humanos seriam percebidos na filosofia contemporânea liberal, emerge de Friedrich A. Hayek.

Para se compreender a visão de Hayek nesse assunto, faz-se necessário estabelecer uma lógica contrária ao visto anteriormente. Ao invés de se analisar tão somente qual seria o melhor arranjo moral conhecido para o indivíduo, e como ele irá se projetar então em um contexto de sociedade, devemos em realidade primeiro compreender esse aspecto como parte de um todo: um sistema de ordem liberal, uma vez que os direitos humanos atualmente positivados teriam conexão total com o *rule of law*, sendo um corpo deste.

Para iniciarmos o entendimento de qual seria o melhor cenário social, tendo em mente um processo descritivo como oposição a um normativo, Hayek

---

[270] The Nature of Government. Ayn Rand. Foundation for Economic Edutation. March 01, 1964.

defende que o ordenamento jurídico surge da ordem espontânea, através de interações entre indivíduos únicos e complexos em si, assim como todos os demais fenômenos e instituições sociais.[271]

Nesse contexto, seria papel do ordenamento jurídico salvaguardar a liberdade individualmente, que seria apenas um meio, e jamais um fim, pois este é o propósito de cada indivíduo de modo independente.

Ao assim fazer, de acordo com o autor a sociedade acaba por resultar em um sistema chamado de "ordem social liberal" (*the liberal social order*),[272] onde os direitos do indivíduo estariam preservados. Como ensinou com brilhantismo a jurista brasileira Renata Ramos, "em Hayek, não há como se instruir 'de cima para baixo' uma ordem liberal. Ela é um processo que ocorre 'de baixo para cima', sendo por tanto mais benéfica que um ordenamento deliberado."

Conforme analisou Eugene Heath, ao interpretar a teoria do autor,[273] a ordem liberal deveria ser o regime vigente na humanidade por uma das seguintes três seguintes razões:

> (a) A ordem liberal espontânea promove um processo de coordenação do conhecimento disperso (*teoria apresentada no capítulo III desta obra*), e somente um *rule of law* que reconheça isso pode dar as condições necessárias para isso;

---

[271] Conforme visto em: The Use of Knowledge in Society.

[272] HAYEK, F. A. The Principles of a Liberal Social Order. Il Politico, Vol. 31, No. 4 (DICEMBRE 1966), pp. 601-618

[273] HEATH, Eugente. Spontaneous Social Order and Liberalism. NYU Journal of Law and Liberty.

(b) Os avanços benéficos da humanidade na história nos legam um ordenamento liberal como a melhor forma de organização jurídica, o que disponibiliza as condições para a emergência de uma complexa ordem espontânea, dado que nós não podemos reunir conhecimento de forma suficiente a reestruturar as instituições sociais e políticas da civilização humana;

(c) A ordem social liberal é a única forma de assegurar a disponibilidade de alguns bens e valores que todos nós compartilhamos como necessários.

A hipótese (c) parece ser a mais valorizada atualmente, na medida que seria a única que estabelece uma relação entre a ordem liberal e uma razão moral.[274] Roland Kley arguiu que Hayek busca demonstrar que a ordem liberal é o melhor meio de atingirmos os bens que todos desejamos de forma comum.[275]

Como mencionou Hayek de forma explícita, essa é a ideia por trás da justificativa de que uma ordem espontânea liberal, ao permitir que os indivíduos usem seus conhecimentos para seus próprios propósitos, ao invés de estarem sujeitos a um arranjo à base de comandos (socialismo), possibilitando que a humanidade atinja uma estrutura muito mais complexa, e por consequência mais benéfica, do que por um ordenamento deliberado.[276]

---

[274] Ibid., p. 67

[275] KLEY, Roland. Hayek's Social And Political Thought 194–211 (1994).

[276] HAYEK, 1966, op. cit., p. 603

Estabelecido o melhor arranjo social, a ordem liberal, passa-se a analisar qual seria a base de direitos individuais presentes na concretização dela.

Para isso temos que recorrer à análise da própria natureza humana, na medida em que a percepção dos fatos é seletiva e guiada subjetivamente.[277] A ação humana é necessariamente determinada a um objetivo específico,[278] sempre estando sujeita às limitações do conhecimento humano. Igualmente, dada a incerteza dos fatos no mundo real, ela não será baseada em algo conhecido, mas sim em expectativas, palpites e suposições.[279]

Logo, a capacidade de uso de seus recursos materiais (propriedade) e imateriais (talentos e habilidades) estará sujeito às suas próprias limitações. O fato de que indivíduos possuem diferentes objetivos, recursos e informações (conhecimento), acaba por conduzir ao fato de que eles reconhecem, avaliam e implementam diferentes cursos da ação humana de formas díspares dos demais.[280] Em outras palavras, todos somos únicos e buscamos coisas distintas.

Hayek não fornece uma razão normativa para explicar o porquê a individualidade da ação humana deve conduzir ao direito à liberdade.[281] Ele manifesta

---

[277] HAYEK, Friedrich A. The Sensory Order: On the Foundations of Theoretical Psychology. London: Routledge. 1952

[278] Em consonancia com o axioma fundamental da Ação Humana.

[279] HAYEK, Friedrich A. The Use of Knowledge in Society. 1952

[280] DAUMANN, Frank. Evolution and the Rule of Law: Hayek's concept of liberal order reconsidered. Journal of Libertarian Studies. Vol. 21, no. 04. (winter 2007). Pp. 123-150

[281] Ibid.

que esse direito é necessário para que o conhecimento individual descentralizado seja possível de melhor utilização.[282]

O autor também afirma que a liberdade individual é um pré-requisito necessário para que os indivíduos alcancem seus objetivos.[283] Nas palavras dele, *o indivíduo para usar seus meios e conhecimentos não pode estar sujeito a regras que determinem a ele o que fazer.*[284]

Entretanto, na visão de Hayek, a liberdade não pode ser absoluta, pois isso restringiria o mesmo direito dos demais.[285]

Essa liberdade individual seria manifestada através da esfera privada de cada indivíduo, ou seja, da capacidade dele de agir livremente de acordo com suas decisões e planos, desimpedido da intenção dos demais, e limitado tão somente aos seus próprios recursos (direito à propriedade).[286]

Estabelecidos então os direitos à liberdade e à propriedade na filosofia hayekiana. A partir disso o ordenamento jurídico deliberado poderia ser traçado,

---

[282] Essa foi a conclusão que Zeitler chegou acerca da justificativa moral da Liberdade individual de Hayek. Ver mais em: ZEITLER, Christoph. Spontane Ordnung, Freiheit und Recht: Zur politischen Philosophie von Friedrich August von Hayek. Frankfurt am Main, New York: Peter Lang. 1995.

[283] HAYEK, 1966, op. cit. p. 607

[284] Ibid. No original: *"Free man who are to be allowed to use their own means and their own knowledge for their own purposes must therefore not be subject to rules which tell them what they must positively do (…)."*

[285] HAYEK, F. A. Liberalism. 1978.

[286] HAYEK, op. cit, 1960

contanto que as leis também obedeçam alguns parâmetros,[287] devendo ser universais, abstratas, abertas e certas.[288]

Outro ponto que merece destaque, na filosofia de Hayek, é que o conceito de direito é um resultado evolutivo da ordem espontânea. Essa análise é importante, pois, sendo os direitos humanos uma parte do ordenamento jurídico, eles acabam sendo influenciados como um todo.

Para Hayek, a ordem sociocultural, independente de ser certa ou eficiente, é fruto de uma evolução baseada em três camadas:

(i) regras de conduta derivadas da natureza, herdadas biologicamente, pois durante a seleção natural os seres humanos adquiriram instintos no processo de evolutivo, os quais são comuns a todos eles;

(ii) regras de conduta derivadas da razão, motivadas pela existência de normas racionalmente desenhadas pela inteligência humana com propósitos específicos pré-estabelecidos;

(iii) regras de conduta derivadas da evolução sociocultural, como resultado de um processo de evolução constante e histórico

---

[287] HAYEK, Friedrich A. The Constitution of Liberty. Chicago: University of Chicago Press. 1960

[288] A teoria de Hayek sobre lei e legislação é tão rica e complexa que seria impossível transmiti-la nesta obra de forma satisfatória. Recomenda-se, além das obras já mencionadas, a leitura de HAYEK, F. A. Lei, legislação e Liberdade.

da ordem espontânea, sendo complexas demais para o entendimento da cognição, transmitidas culturalmente entre gerações.

Uma vez que a (i) evolução biológica é muito mais lenta que a cultural, os instintos tendem a ser uniformes por toda a humanidade, e são compartilhados por todos os indivíduos.[289] Logo elas podem ser negligenciadas nesse processo.

Considerando que (ii) as regras derivadas da razão sempre são resultado de um processo de decisão de valores já estabelecidos, elas não podem ser auferidas para caracterizar o que seria a ordem liberal como um todo, para processos dinâmicos, novos e evolutivos. Consequentemente, elas estariam amplamente prejudicadas pelo problema de dispersão do conhecimento.

Logo, os valores normativos devem advir necessariamente de um foco na (iii) evolução sociocultural humana de forma dispersa, como na *common law*, em que o direito vai "sendo feito", ou *sendo descoberto*, através da construção evolutiva e gradual em cima de conflitos que precedem sua resolução.[290]

Dada a complexidade da sociedade humana, o progresso do ordenamento jurídico a partir da evolução cultural ocorre através de um processo de tentativa e erros. Dessa forma, o conhecimento vai sendo adquirido, e a ordem espontânea vai descobrindo a moral. Como consequência, as regras que derivam da evolução socioeconômica carregam consigo um contínuo acúmulo de conhecimento, sendo superiores àquelas desenhadas com objetivos específicos.

Em resumo, Hayek acredita que os direitos humanos derivam da liberdade individual, pois o ordenamento jurídico que os protegerá só surge na

---

[289] DAUMANN, op. cit., p. 134

[290] No sentido de que não se tenta aplicar uma norma (lei) já existente à um fato, mas sim construir e descobrir o direito aplicável após o acontecimento dele.

existência de uma instância que o reconhece como tal. Como elucida Renata Ramos, "por [essa razão] que Hayek não fala em direitos para embasar direitos, mas sim em liberdade", divergindo de como os demais austríacos, em especial Rothbard, contemplam esse tema.

Ambas as visões aqui apresentadas da filosofia liberal contemporânea pela Escola Austríaca reforçam os valores fundamentais da visão clássica, que acabou por formatar os instrumentos mencionados no Capítulo II. De qualquer forma, compreendê-las passa a ser fundamental para distinguir os fenômenos políticos atuais frente a conflitos de interesses dispersos.

Capítulo 5.2

Uma hipótese sobre a inefetividade dos direitos humanos atualmente

Não há dúvida de que persiste uma forte ineficácia dos direitos humanos no plano material. Contudo, isso é algo natural e compreensível, uma vez que todo conflito que viole à liberdade alheia irá revelar a imperfeição do mundo real, e logo uma certa "ineficiência" dessa moral normativa. Somente em um paraíso utópico seria possível que o ordenamento dos direitos humanos, na forma da concepção liberal clássica ou contemporânea, se mantivesse sempre vigente em absoluta e constante eficácia entre todos. Seres humanos erram constantemente, pois são seres imperfeitos e complexos em circunstâncias extremas.

Logo, quando este capítulo se propõe a analisar a inefetividade do que seriam os direitos humanos, não estamos falando sobre a existência de violações em casos habituais, mas sim de quando se pode (i) identificar um acúmulo massivo de desvios em casos históricos de transgressões[291] ou ainda (ii) a falta, ou resolução errônea, de um conflito social que pode ser classificado como pertencente à temática humanitária.

Três concepções liberais de direitos humanos foram apresentadas nesta obra. A primeira advém do (a) liberalismo clássico, sendo *lockeana*, e as demais do

---
[291] Sempre cometidas pelo estado contra a população.

contemporâneo, incluindo aqui a (b) *rothbardiana* e a (c) *hayekiana*. Independente da base ética que dá razão a essas hipóteses, todas elas encaminham-se para o que se chama aqui de tríade clássica: vida, liberdade e propriedade.

Foi ao abrir e explorar essa formatação básica, que a humanidade, através de suas instituições, muitas vezes na sede de construir um mundo melhor através de um racionalismo construtivista,[292] elaborou instrumentos como a Declaração Universal de Direitos Humanos e o ICCPR.

A comunidade internacional, personificada através de órgãos como as Nações Unidas (ONU), no ímpeto de expandir a efetividade dos direitos humanos, acabou por focar neles como sendo formatações básicas, desconexas da análise da filosofia fundamental que as descreveu na modernidade, talvez – inclusive – pelos problemas políticos que adviriam ao se reconhecer a superioridade humanitária do liberalismo.

Como consequência, reconhece-se a ocorrência de grandes problemas, relacionados no segundo parágrafo deste subcapítulo. A partir deles, apresenta-se as seguintes questões controversas, que são especificamente:

(1) *se* os problemas referidos no segundo parágrafo deste capítulo são frutos da desconexão entre implementação de direitos humanos nos ordenamentos jurídicos e a filosofia liberal clássica; e/ou ainda

(2) *se* são consequência de um enfoque equivocado dentro da tríade "vida, liberdade e propriedade".

---

[292] Infligindo assim nos problemas da segunda camada da evolução social da ordem jurídica de Hayek, apresentada nesta obra no capítulo 5.1.

A hipótese deste autor arguirá positivamente, no sentido de que o acúmulo massivo de transgressões humanitárias, e a falta de resolução satisfatória de um conflito social, são consequências de um problema da desconexão entre direitos humanos e sua filosofia, bem como do consequente equívoco do enfoque correto sobre a tríade. Essas hipóteses apontarão para o fato de que as mazelas mencionadas são resultado direto de uma falta de respeito e/ou enfoque ao direito de propriedade privada, tanto endógeno como exógeno.

Para se defender a hipótese, primeiramente iremos estabelecer uma lógica apriorística acerca de porque direitos humanos devem ser, em verdade, o respeito à propriedade privada; para então visualizar este entendimento em evidências empíricas, como um instrumento de mera demonstração da teoria dedutiva.

A grande base dos direitos civis e políticos, tidos com parte dos direitos humanos, pode ser interpretado dentro da concepção *proprietarista* da filosofia liberal contemporânea. A listagem mais consolidada dele está personificada no Pacto Internacional dos Direitos Civis e Políticos (ICCPR). Vale analisar suas principais garantias sob a filosofia (e hipótese) aqui defendida.

O primeiro deles é o direito à vida, que nada mais é do que a proteção a propriedade do corpo. O limite dessa garantia demanda que ninguém deve ser privado arbitrariamente da vida, quase remetendo – em teoria – ao princípio de não-agressão (PNA), na medida em que uma derrogação seria somente justificada em casos de autodefesa (reação a uma agressão injusta). A próxima previsão de destaque concerne uma vedação à tortura e tratamentos cruéis, que nada mais seria do que uma expansão da proteção à propriedade endógena.

Outra clássica definição desse rol está personificada na proibição à escravidão, à servidão e ao trabalho forçado, que nada é do que – novamente – a garantia de que cabe somente ao indivíduo auferir como usar sua autopropriedade (corpo).

Um grande leque de "liberdades civis" que merecem destaque nessa listagem se referem, sumariamente, a liberdade de expressão, reunião, associação, pensamento, consciência e religião, nos termos do próprio Pacto. Igualmente, é interessante notar como violações a elas não são – ao fim e ao cabo – nada mais do que meras transgressões ao direito de propriedade.

Toda perseguição estatal (censura), que justificou o direito à liberdade de expressão, envolvia uma intrusão injusta de pessoas à propriedade alheia, pelo fato desta transmitir alguma informação ou conhecimento indesejável pelo agressor. Muito mais justo, efetivo e simples, teria sido garantir que em sua propriedade o indivíduo deve ser livre para agir (dispor de seu corpo), o que significa uma proteção a propagar qualquer expressão, opinião, pensamento, religião e filosofia que julgar melhor. É simplista dizer que a censura é uma "restrição à liberdade", quando em verdade ela é uma agressão à propriedade.

A importância fundamental de se esclarecer como as coisas são com exatidão remete a clareza e certeza necessárias para o bom funcionamento de um ambiente jurídico. Ao tentar mascarar ou relegar o direito à propriedade como não importante ou secundário, o que ocorre é uma confusão jurídica e social, que resultará na criação conceitos e regras equivocadas que não oferecem respostas adequadas para os conflitos que surgirão. Consequentemente, isso sempre acaba enveredando para discursos opressores advindos de ambos os campos do espectro político.

Especificamente, na questão de censura, pode-se pensar como era o objetivo da extrema-esquerda brasileira de, durante a ditadura civil-militar da segunda metade do século passado, garantir a difusão de suas ideias. A questão não era simplesmente um ataque à liberdade de expressão, mas sim um verdadeiro tolhimento do direito à propriedade, na medida em que o estado determinava como ela deveria ou não ser usada.

Para clarificar a ideia aqui apresentada, vale a pena recorrer a um exemplo que demonstre como uma interpretação não-proprietarista dos direitos humanos gera uma contradição lógica. Imaginemos um cenário (muito) hipotético em que o estado empreende uma guerra a determinadas ideias, proibindo na lei a expressão de determinadas ideologias que julga serem indesejáveis para sua manutenção de poder. Ao mesmo tempo, nessa hipótese, ele também está vinculado a um respeito máximo ao direito de propriedade, não podendo iniciar ou ameaçar agressão contra ela, na concepção liberal apresentada aqui. Supõe-se que nesse ambiente fictício, um determinado grupo opositor inicia a circulação de um folhetim semanal que contém ideias consideradas "perigosas" pelo regime vigente. Ainda que a liberdade de expressão estivesse sob ataque, o que poderia ser feito contra essa disseminação caso fosse respeitado o direito fundamental de liberdade? Absolutamente nada. O papel e a tinta do folhetim são propriedade que não pode ser violada. O local, onde eles são elaborados, também o é. As pessoas que o distribuem possuem um inegável direito a controlarem sua propriedade endógena (corpos) da forma que julgarem melhor. O ataque desse governo tirânico seria absolutamente ineficaz.

É ao tentar distorcer a base do direito à liberdade de expressão e afastá-lo da concepção *proprietarista*, que os problemas se iniciam.

Na medida em que a liberdade de expressão é vista como algo desconexo da propriedade, uma série de conflitos que acabarão por o destruir surgem. Ao invés de, por exemplo, se considerar que no papel de cada um (propriedade) cabe tão somente ao indivíduo que o possui determinar o que deve ser escrito, surgem limitações resultantes de aparentes conflitos. Um clássico exemplo ocorre quando se é arguido que a liberdade de expressão deve ser restringida para que não conflite com a liberdade religiosa e de consciência. Proíbe-se determinadas obras pois elas ofenderiam a religião de outrem.

Pode até parecer razoável e sutilmente tolerável tal cenário, mas o que faz o regime tirânico quando pensa que vale a pena confiscar o folhetim de oposição pois ele está conflitando com um princípio maior que a liberdade de expressão? Na mente desse governante, a limitação seria válida pois ela estaria conflitando com a liberdade de religião, uma vez que as ideias que estão sendo propagadas nesse folhetim acabam por atacar um padrão social vigente que teria sido "elegido" pela sociedade.

O segredo para se resolver esses conflitos, e então evitar abusos e governos tirânicos, está sempre na preservação do direito à propriedade, como base fundamental dos direitos humanos.

Pode-se inclusive analisar dois temas fundamentais atualmente no ocidente sob essa perspectiva: o casamento gay; e o bolo para a cerimônia dessa celebração. Vamos a eles.

No caso *Obergefell v. Hodges*[293] a Suprema Corte norte-americana reconheceu a existência de um direito que permitisse que homossexuais se casem nos mesmos termos jurídicos que os demais cidadãos. A questão foi resolvida recorrendo-se a um verdadeiro malabarismo jurídico, sob forte oposição e controvérsia, na tentativa de se encontrar, na interpretação da 14ª Emenda Constitucional (que expressamente garante vida, liberdade e propriedade aos cidadãos norte-americanos), uma obrigação de emissão de certidão de casamento a casais homossexuais que assim o desejarem. O liberalismo contemporâneo jamais teria gerado a confusão política e jurídica que tal decisão ocasionou. A resolução teria sido muito simples: casamento é um contrato de compartilhamento de propriedade e estabelecimento de obrigação entre dois indivíduos. Assim sendo, tendo eles o direito à propriedade (exógena e endógena), não cabe a ninguém restringir o que eles deveriam fazer com ela, desde que isso não agredisse a propriedade de outrem. A maior discussão que haveria seria em torno da utilização da expressão "casamento", caso

---

[293] Obergefell v. Hodges, No. 14-556, slip op. at 23 (U.S. June 26, 2015).

hipoteticamente se reconhecesse que cabem (controversos) direitos de "propriedade" intelectual sobre a expressão.[294]

Outro caso polêmico que envolve o assunto é o *Craig v. Masterpiece Cakeshop*,[295] em que uma padaria do Colorado foi forçada a fazer um bolo para uma celebração de casamento gay, contrariando a orientação de conduta da religião dos donos do empreendimento. Para a filosofia liberal contemporânea, o caso seria igualmente de fácil resolução. Sendo a padaria propriedade privada, caberia tão somente a seus donos definir o que lá será produzido e quem será atendido. Da mesma forma, caberia tão somente ao casal Craig definir quem lhes servirá no casamento, as pessoas com quem se relacionam, ou não, e em qual grau.

Além da hipótese aqui defendida ajudar a melhor dirimir questões jurídicas, ela também possui uma vantagem indiscutível: toda vez que casos, como os aqui mencionados, surgem, eles acabam por gerar conflitos sociais que causam danos, dor e ódio entre indivíduos. Um espectador pode achar que é bom que valores "progressistas" sejam forçados na sociedade dessa forma, mas esquece que haverão reações. Como Hayek ensinou, a sociedade evolui pela ordem espontânea, e não pelo desenho ou desejo planejado de alguém.

Se a argumentação apriorística apresentada não serviu como convencimento para a hipótese defendida, uma mera análise de como as sociedades se comportam sob diferentes níveis de proteção a direitos de propriedade acabará por confirmar, de maneira macro comportamental, o que foi aqui exposto.

Existem dois medidores tradicionais de proteção à propriedade privada (no sentido exógeno aqui apresentado), formulados pelos prestigiados institutos

---

[294] Sobre a origem e moraldiade de Direitos de Propriedade Intelectual, ver KINSELLA, Contra a Propriedade Intelectual. 1ed. Sao Paulo: Institutlo Ludwig von Mises Brasil. 2013.

[295] Craig v. Masterpiece Cakeshop, Inc, 2015 COA 115

Heritage Foundation (EUA) e Fraser Institute (Canadá). Para estipular os parâmetros valorativos, leva-se em consideração a proteção de títulos, contratos, bens imobiliários, capital, entre outros.[296]

Usando dados de 2014 (ano mais recente disponibilizado em comum entre todas as publicações apresentadas), e combinando os dados de ambos os institutos mencionados em relação ao fator considerado, é possível se estabelecer uma nota de 0 a 1000, em relação a 153 países, e como eles protegem propriedade privada exógena.

Comparando-se isso com o Índice de Desenvolvimento Humano (IDH), elaborado pela UN Development Programme (UNDP), esta pesquisa concluiu a existência de uma fortíssima correlação de nada menos que 0,7509 entre os critérios mencionados, em uma escala que vai de -1 a 1, sendo este absolutamente correlato, e aquele absolutamente oposto.

Os resultados mencionados podem ser verificados em um gráfico abaixo, com uma trajetória de correlação:

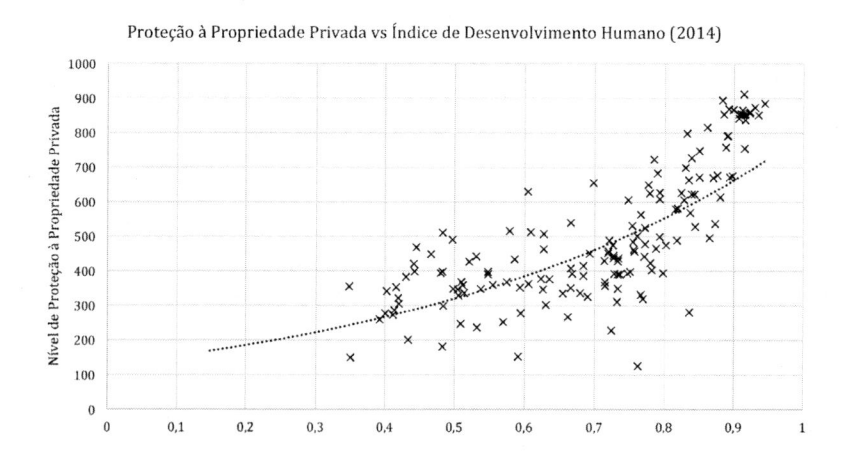

Proteção à Propriedade Privada vs Índice de Desenvolvimento Humano (2014)

---

[296] Fraser Institute. The Human Freedom Index. 2016. Disponível em < https://www.fraserinstitute.org/sites/default/files/human-freedom-index-2016.pdf>

Como a própria ONU admitiu em uma análise publicada em 2000, citando Adam Smith, existe uma forte correlação entre IDH e direitos humanos, razão pela qual se escolheu esse medidor para a análise acima apresentada.[297] Os dados que geraram a correlação e o gráfico acima estão em uma planilha, em apêndice a esta obra.

Outros estudos já apresentaram forte correlação entre capitalismo e renda per capita,[298] democracia,[299] saúde,[300] educação,[301] inovação e meio-ambiente,[302] mobilidade social,[303] tolerância social,[304] e até felicidade;[305] bem como entre livre comércio e direitos humanos.[306] Um estudo de Berggren e Nilsson descobriu uma fortíssima correlação (e causalidade) entre capitalismo e tolerância LGBT,[307] o que deixa confuso, inclusive, o fato, alegado pela

---

[297] United Nations. Human Development Report, 2000. Disponível em: <http://hdr.undp.org/sites/default/files/reports/261/hdr_2000_en.pdf>

[298] Terry Miller and Anthony B. Kim, 2017 Index of Economic Freedom (Washington: The Heritage Foundation, 2017)

[299] Ibid., p. xi

[300] Ibid., p. 14

[301] Ibid., p. 14

[302] Ibid., p. 15

[303] Florida, Richard (2002). Bohemia and Economic Geography, Journal of Economic Geography. 2:55–71.

[304] Niclas Berggren and Therese Nilsson. Does Economic Freedom Foster Tolerance? KYKLOS, Vol. 66 – May 2013 – No. 2, 177–207

[305] Frey, Bruno S. and Alois Stutzer (2002). Happiness and Economics: How the Economy and Institutions Affect Human Well-Being. Princeton, NJ: Princeton University Press.

[306] Frank J. Garcia, Mark A.A. Warner & Steve Charnovitz, Jeffrey L. Dunoff, The Global Market as Friend or Foe of Human Rights, 25 Brook. J. Int'l L. (1999).

[307] BERGGREN and NILSSON, op. cit.

esquerda, desta demografia normalmente se associar a grupos politicamente "anticapitalistas".

⇜

Em suma, seja pelas razões que a filosofia na perspectiva liberal contemporânea nos fornece, ou pela visualização de dados consolidados em relação à humanidade, a conexão entre direitos humanos e propriedade é clara, cristalina e necessária. É o caminho para a resolução de conflitos que se relacionam com áreas tão essenciais para nossa vida em sociedade moderna.

Ate o "pai do socialismo", Karl Marx já havia compreendido explicitamente no século XIX que direitos humanos nada mais são do que propriedade privada.[308] Espera-se que este capítulo tenha servido para elucidar o debate em um tema tão fundamental como este.

---

[308] Conforme demonstrado no capítulo 2.2

Conclusão

A próxima tentativa socialista não vai dar certo

O socialismo necessariamente conduz a um regime de autodestruição humana, sendo este entendido como aquele que perpetua as violações de direitos fundamentais, em um nível em que a própria existência humana encontra-se ameaçada. Isso se dá tanto pelos eminentes problemas socioeconômicos, como pelo caráter opressor que o regime socialista se obriga a utilizar a fim de tentar consertar a descoordenação social e econômica causada pelo modelo adotado.

A existência de três fenômenos – notadamente socioeconômico, totalitário e anti-humanitário – compõe uma trifásica destruição da sociedade. Felizmente, muitos regimes durante a história abandonaram a experiência na primeira fase, sendo minoria aqueles que avançaram para a segunda (totalitarismo) e terceira fase (crise humanitária).

No estudo dos direitos humanos atualmente, talvez um dos maiores problemas que as faculdades de direito incorrem é a crença na determinação de certos valores econômicos como se fossem a única escolha para a sociedade. Toda vez que se normatiza a lei em cima de situações específicas, e não através de regras semelhantes a axiomas, acaba-se por engessar a sociedade, rapidamente interferindo na coordenação social e gerando consequências devastadoras para todos, independente do grau de socialismo aplicado.

O problema fundamental aqui analisado foi a ineficiente e artificial transmissão do conhecimento, tanto em razão da ausência de um mercado que possa gerar esse aspecto, como em decorrência da impossibilidade cognitiva de se centralizar o conhecimento necessário para se coordenar qualquer processo econômico.

A primeira fase das crises geradas pelo socialismo se mostrou perceptível por uma lógica dedutivista (apriorista) simples, que acaba por criar uma descoordenação social que torna impossível recursos econômicos serem alocados de forma a adimplir, de qualquer forma, os ditos direitos sociais.

Contudo, esse mesmo desajuste acaba por impossibilitar que a informação do problema chegue aos dirigentes, levando-os a repetir e aprofundar erros, o que fatalmente conduzirá a um crescente papel do estado sobre a vida das pessoas, independente da intenção.

A intervenção pode começar tão somente no caráter econômico, mas sempre acabará por consumir todos os aspectos da vida da sociedade, e do que a compõe: o indivíduo, incluindo – em um primeiro momento – sua privacidade e liberdades públicas, como o direito à expressão, à livre demonstração, e até a um aviltamento do conceito de justiça e democracia.

Dado que as próprias necessidades socioeconômicas da população não conseguem ser satisfeitas, surge naturalmente um mercado que funciona como uma economia paralela e obscura ao regime estatal. A população é forçada a entrar nesse sistema ilegal por suas próprias necessidades e a força crescente do mesmo é um risco a qual o regime socialista não pode ceder.

Assim sendo, o estado começa a aumentar seu aparato repressivo, momento em que diversas violações aos direitos humanos individuais se asseveram. Mas como a repressão ainda não é suficiente e também considerando que o regime não consegue obter a informação necessária para entender o desajuste social, faz-se necessário não só que a repressão seja usada, mas também a prevenção passa a assumir um papel essencial.

Para que a mesma tenha eficiência, o estado vai buscar então aprofundar a prevenção, e isso se dá através de uma intrusão desumana, destruindo os conceitos de família e religião. O indivíduo acaba por ficar desamparado frente ao aparato estatal, de forma que o próprio estado adquire características de uma religião.

Esse fenômeno acaba por levar à terceira fase, quando os conceitos de liberdade e vida começam a desaparecer completamente, em razão das necessidades de condução da sociedade pelo regime socialista.

Nesse sentido, não só a vida humana acaba se vendo como uma grande servidão da qual o estado precisa, mas também se monta uma rede de produção econômica baseada no trabalho forçado como forma de tentar sustentar o regime. A vida em si é depreciada de forma cabal nessa fase, quando se faz necessária intensa produção. O terror é literalmente tratado como um incentivo e a dignidade desaparece.

Vislumbrar essa inerência é de vital importância para o estudo dos direitos humanos, pois as escolhas econômicas não são costumeiramente levadas em conta para a averiguação das consequências negativas que um regime bem-intencionado pode trazer.

Em suma, a escolha por um regime economicamente socialista irá necessariamente conduzir a sociedade em questão a um processo de depreciação e extinção dos direitos humanos, o que caracteriza um processo de autodestruição humana.

Ao final da obra, se o leitor se restar convencido das teses apresentadas, ele pode indagar: qual a razão pela qual deveria *eu* me posicionar contra sistemas centralizadores dado que eles estão fadados a sempre falhar?

Bem é verdade que o socialismo sempre falhará. Ele é profundamente errado na teoria e trágico na prática. A questão é quantos milhões terão que sofrer ainda para que os intelectuais notem o tamanho dessa arrogância fatal.

Dataset

(Referente ao gráfico da página 203)

País	Heritage	Fraser	Composto	IDH
Afghanistan	N/A	N/A	N/A	0,465
Albania	30	4,80	390	0,733
Algeria	30	4,80	390	0,736
Angola	15	3,21	235,5	0,532
Argentina	15	4,12	281	0,836
Armenia	30	5,56	428	0,733
Australia	90	8,02	851	0,935
Austria	90	8,06	853	0,885
Azerbaijan	20	5,95	397,5	0,751
Bahamas	70	6,67	683,5	0,790
Bahrain	60	6,52	626	0,824
Bangladesh	20	3,03	251,5	0,570
Barbados	80	6,46	723	0,785
Belarus	20	N/A	N/A	0,798
Belgium	80	7,81	790,5	0,890
Belize	30	4,15	357,5	0,715
Benin	30	4,87	393,5	0,480
Bhutan	60	6,58	629	0,605

Bolivia	10	4,34	267	0,662
Bosnia Herz	20	4,98	349	0,733
Botswana	70	6,10	655	0,698
Brazil	50	4,67	483,5	0,755
Brunei	N/A	6,73	N/A	0,856
Bulgaria	30	5,05	402,5	0,782
Burkina Faso	30	3,84	342	0,402
Burundi	20	3,54	277	0,400
Cabo Verde	N/A	N/A	N/A	0,646
Cambodia	30	4,19	359,5	0,555
Cameroon	30	4,17	358,5	0,512
Canada	90	8,05	852,5	0,913
CAR	10	1,98	149	0,350
Chad	20	3,19	259,5	0,392
Chile	90	6,94	797	0,832
China	20	5,83	391,5	0,728
Colombia	50	4,14	457	0,720
Comoros	30	N/A	N/A	0,503
Congo	10	2,04	152	0,591
Congo (Dem Rep)	10	3,01	200,5	0,433
Costa Rica	50	6,27	563,5	0,766
Croatia	40	5,76	488	0,818
Cuba	10	N/A	N/A	0,769
Cyprus	70	6,43	671,5	0,850
Czech Republic	70	6,39	669,5	0,870
Denmark	90	8,20	860	0,923
Djibouti	30	N/A	N/A	0,470
Dominica	60	N/A	N/A	0,724

Dominican Rep	30	4,35	367,5	0,715
Ecuador	20	4,22	311	0,732
Egypt	20	4,51	325,5	0,690
El Salvador	40	4,14	407	0,666
Equatorial Guinea	10	N/A	N/A	0,587
Eritrea	10	N/A	N/A	0,391
Estonia	90	7,30	815	0,861
Ethiopia	30	4,96	398	0,442
Fiji	25	6,25	437,5	0,727
Finland	90	8,88	894	0,883
France	80	7,16	758	0,888
Gabon	40	4,29	414,5	0,684
Gambia	30	5,41	420,5	0,441
Georgia	40	6,61	530,5	0,754
Germany	90	7,73	836,5	0,916
Ghana	50	5,30	515	0,579
Greece	40	5,91	495,5	0,865
Grenada	N/A	N/A	N/A	0,750
Guatemala	25	4,43	346,5	0,627
Guinea	20	3,46	273	0,411
Guinea-Bissau	20	4,10	305	0,420
Guyana	30	4,52	376	0,636
Haiti	10	2,61	180,5	0,483
Honduras	30	4,24	362	0,606
Hong Kong	90	8,08	854	0,910
Hungary	60	6,10	605	0,828
Iceland	90	8,32	866	0,899
India	50	5,24	512	0,609

INDONESIA	30	4,72	386	0,684
IRAN	10	5,63	331,5	0,766
IRAQ	N/A	N/A	N/A	0,654
IRELAND	90	8,04	852	0,916
ISRAEL	75	5,93	671,5	0,894
ITALY	50	5,72	536	0,873
JAMAICA	40	5,03	451,5	0,719
JAPAN	80	7,82	791	0,891
JORDAN	60	6,11	605,5	0,748
KAZAKHSTAN	30	6,30	465	0,788
KENYA	30	4,95	397,5	0,548
KIRIBATI	30	N/A	N/A	0,590
KUWAIT	50	6,57	578,5	0,816
KYRGYZSTAN	20	4,70	335	0,655
LAO	15	5,85	367,5	0,575
LATVIA	50	6,61	580,5	0,819
LEBANON	20	4,39	319,5	0,769
LESOTHO	40	5,81	490,5	0,497
LIBERIA	30	4,65	382,5	0,430
LIBYA	10	3,56	228	0,724
LIECHTENSTEIN	N/A	N/A	N/A	0,908
LITHUANIA	60	6,44	622	0,839
LUXEMBOURG	90	8,37	868,5	0,892
MADAGASCAR	40	3,36	368	0,510
MALAWI	45	4,87	468,5	0,445
MALAYSIA	55	7,00	625	0,779
MALDIVES	20	N/A	N/A	0,706
MALI	20	4,43	321,5	0,419

Malta	75	7,04	727	0,839
Mauritania	25	4,09	329,5	0,506
Mauritius	65	6,49	649,5	0,777
Mexico	50	4,24	462	0,756
Micronesia	30	N/A	N/A	0,640
Moldova	40	5,01	450,5	0,693
Mongolia	30	5,90	445	0,727
Montenegro	40	5,49	474,5	0,802
Morocco	40	6,14	507	0,628
Mozambique	30	4,07	353,5	0,416
Myanmar	N/A	3,55	N/A	0,536
Namibia	30	6,26	463	0,628
Nepal	30	4,79	389,5	0,548
Netherlands	90	8,11	855,5	0,922
New Zealand	95	8,73	911,5	0,914
Nicaragua	15	4,53	301,5	0,631
Niger	30	4,11	355,5	0,348
Nigeria	30	3,73	336,5	0,514
Norway	90	8,69	884,5	0,944
Oman	50	7,16	608	0,793
Pakistan	30	3,96	348	0,538
Palau	N/A	N/A	N/A	0,780
Palestine, State of	N/A	N/A	N/A	0,678
Panama	30	5,47	423,5	0,780
Papua New Guinea	20	4,94	347	0,505
Paraguay	30	3,73	336,5	0,679
Peru	40	4,73	436,5	0,734
Philippines	30	4,83	391,5	0,668

POLAND	60	6,43	621,5	0,843
PORTUGAL	70	6,99	699,5	0,830
QATAR	70	7,94	747	0,850
ROMANIA	40	5,97	498,5	0,793
RUSSIA	25	5,38	394	0,798
RWANDA	30	7,19	509,5	0,483
SAINT LUCIA	70	N/A	N/A	0,729
ST VINCENT	70	N/A	N/A	0,720
SAMOA	60	N/A	N/A	0,702
SAO TOME	20	N/A	N/A	0,555
SAUDI ARABIA	40	7,36	568	0,837
SENEGAL	40	4,97	448,5	0,466
SERBIA	40	4,83	441,5	0,771
SEYCHELLES	50	5,49	524,5	0,772
SIERRA LEONE	15	4,22	286	0,413
SINGAPORE	90	8,31	865,5	0,912
SLOVAKIA	50	5,56	528	0,844
SLOVENIA	60	6,27	613,5	0,880
SOLOMON ISLANDS	30	N/A	N/A	0,506
SOUTH AFRICA	50	5,79	539,5	0,666
SPAIN	70	6,54	677	0,876
SRI LANKA	40	5,13	456,5	0,757
SUDAN	N/A	N/A	N/A	0,479
SURINAME	40	4,59	429,5	0,714
SWAZILAND	40	4,83	441,5	0,531
SWEDEN	90	8,05	852,5	0,907
SWITZERLAND	90	8,45	872,5	0,930
SYRIA	10	6,04	352	0,594

Tajikistan	20	5,55	377,5	0,624
Tanzania	30	5,53	426,5	0,521
Thailand	45	4,99	474,5	0,726
Timor-Leste	20	3,55	277,5	0,595
Togo	30	2,98	299	0,484
Tonga	20	N/A	N/A	0,717
Trinidad Tobago	50	4,54	477	0,772
Tunisia	40	5,75	487,5	0,721
Turkey	50	5,00	500	0,761
Turkmenistan	5	N/A	N/A	0,688
Uganda	30	4,93	396,5	0,483
Ukraine	30	4,86	393	0,747
UAE	55	7,78	664	0,835
United Kingdom	90	7,83	841,5	0,907
United States	80	7,10	755	0,915
Uruguay	70	5,54	627	0,793
Uzbekistan	15	N/A	N/A	0,675
Vanuatu	40	N/A	N/A	0,594
Venezuela	5	2,00	125	0,762
Viet Nam	15	5,52	351	0,666
Yemen	30	3,96	348	0,498
Zambia	30	5,68	434	0,586
Zimbabwe	10	3,93	246,5	0,509
Korea, North	5	N/A	N/A	N/A
Korea, South	70	6,50	675	0,898

Overview

Heritage – Índice de Proteção à Propriedade Privada elaborado pela Heritage Foundation (Washington, DC, EUA), em um parâmetro de 0 a 100, dados de 2014;

Fraser – Índice de Proteção à Propriedade Privada e Sistema Legal elaborado pelo Fraser Institute (Canadá), em um parâmetro de 0 a 10, dados de 2014;

Composto – Média aritmética normalizada ao parâmetro de 0 a 1000 entre os índices *Heritage* e *Fraser*;

IDH – Índice de Desenvolvimento Humano auferido pelo United Nations Development Programme, em um parâmetro de 0 a 1, dados de 2014.

Referências

ADOMANIS, Mark. Think Obamacare Is Socialized Medicine? 5 Things You Should Know About Soviet Healthcare. 2013. Disponível em: <http://www.forbes.com/sites/markadomanis/2013/09/25/think-obamacare-is-socialized-medicine-5-things-you-should-know-about-soviet-healthcare/> Acesso em: 2 nov. 2014.

ALVES, Lindgren. Commemorative Essay: On The 50th Anniversary Of The Universal Declaration Of Human Rights: The United Nations, Postmodernity, and Human Rights. University of San Francisco School of Law Review. 32 U.S.F. L. Rev. 479, 1998.

Americans' Views of Socialism, Capitalism Are Little Changed. Frank Newport. Gallup International. May 6, 2016.

AMNISTIA INTERNACIONAL. The Amnesty International Handbook 129. Marie Staunton et al. eds., 1991.

ARON, Leon. Everything You Think You Know About the Collapse of the Soviet Union Is Wrong: And why it matters today in a new age of revolution. Foreign Policy Magazine, 2011. Disponível em <http://www.foreignpolicy.com/articles/2011/06/20/everything_you_think_you_know_about_the_collapse_of_the_soviet_union_is_wrong> Acesso em: 2 de nov. 2014.

ARROW, Kenneth J., B. Douglas Bernheim, Martin S. Feldstein, Daniel L. McFadden, James M. Poterba, and Robert M. Solow. 2011. "100 Years of the American Economic Review: The Top 20 Articles." American Economic Review, 101(1):

BARBIERI, Fabio. História do Debate do Cálculo Econômico Socialista. São Paulo: Instituto Ludwig von Mises Brasil, 2013

BAWERK, Eugen Bohm von. A teoria da exploração do socialismo-comunismo. 3ed. São Paulo: Instituto Ludwig von Mises. Brasil.

BERNPAINTNER, Klause. The truth about SwedenCare. 10 de Julho de 2013. Mises Institute, USA. Disponível em: <https://mises.org/library/truth-about-swedencare>

BLOCK, Walter E. (2015), Expiration of private property rights: a note, The Journal of Philosophical Economics: Reflections on Economic and Social Issues, VIII: 2, 43-65

BLOCK, Walter. The Non-Aggression Axiom of Libertarianism. March, 2003. The Lew Rockwell Website. USA.

Bodansky, Daniel (1995) "Customary (And Not So Customary) International Environmental Law," Indiana Journal of Global Legal Studies: Vol. 3: Iss. 1, Article 7

BOETTKE, Peter J. Why Perestroika Failed. Routledge. 1993

BORDART, Bruno. Para que servem os direitos sociais? – ou: 100 anos de Constituições que prometem mundos sem fundos. Fevereiro de 2017. Disponível em: <http://mises.org.br/Article.aspx?id=2625>

BRADLEY, Robert (1996) Oil, Gas and Government: The U.S. Experience. Lanham, MD: Rowman & Littlefield.

Cass R. Sunstein, "Against Positive Rights Feature," 2 East European Constitutional Review 35 (1993).

CATALAN, J. M. F. Unitended Consequences of Trade Sanctions. Mises Institute. Disponível em < https://mises.org/library/unintended-consequences-trade-sanctions>

CICERO, Marcus Tullius. The Republic and The Laws. Londres: OUP, 1998. (2013, apud SHELTON, op. cit., cap. II).

CODE OF HAMMURABI. The Avalon Project. Disponível em: <http://avalon.law.yale.edu/ancient/hamframe.asp> Acesso em: 14 set. 2014

Cohen, Noam (February 9, 2014). "Wikipedia vs. the Small Screen". The New York Times.

COURTOIS, Stephan. The Black Book of Communism: crimes, terror, repression. Cambridge: Harvard University Press, 1999.

Craig v. Masterpiece Cakeshop, Inc, 2015 COA 115

DAUMANN, Frank. Evolution and the Rule of Law: Hayek's concept of liberal order reconsidered. Journal of Libertarian Studies. Vol. 21, no. 04. (winter 2007). Pp. 123-150

DE SOTO, Jesús Huerta. Socialismo, Cálculo Econômico e Função Empresarial. Tradução de Bruno Garschagen. São Paulo: Instituto Ludwig von Mises Brasil, 2013. p. 71

DE TOCQUEVILLE, Alexis. Democracy in America. Indianápolis: Liberty Fund. Inc, 2009. Parte II, livro IV, cap. VI.

DECLARAÇÃO DE PRAGA SOBRE CONSCIÊNCIA EUROPEIA E COMUNISMO. Adotada em 2008. Disponível em <http://www.praguedeclaration.eu/> Acesso em: 20 out. 2014.

ELLSWORTH, Brian. Venezuela decrees new price controls to fight inflation. Reuters. Caracas, 2014. Disponível em <http://www.reuters.com/article/2014/01/24/us-venezuela-economy-idUSBREA0N1GL20140124> Acesso em: 21 out. 2014.

ENGLE, Eric. Universal Human Rights: A Generational History. 2006 Annual Survey of International & Comparative Law Golden Gate University School of Law. San Francisco: 2006.

ENGLE, Eric. Universal Human Rights: A Generational History. 2006 Annual Survey of International & Comparative Law Golden Gate University School of Law. San Francisco: 2006.

ESTADOS UNIDOS DA AMÉRICA. Central Intelligence Agency. Soviet Food Shortages: Making the History of 1989, Item #182. Disponível em <http://chnm.gmu.edu/1989/items/show/182> Acesso em: 2 nov. 2014.

FLORIDA, Richard (2002). Bohemia and Economic Geography, Journal of Economic Geography. 2:55–71.

FONSECA, Joel Pinheiro da. Não basta privatizar – tem de desregulamentar e liberalizar. Instituto Ludwig von Mises Brasil. Acesso disponível em < http://www.mises.org.br/Article.aspx?id=1927>

Frank J. Garcia, Mark A.A. Warner & Steve Charnovitz, Jeffrey L. Dunoff, The Global Market as Friend or Foe of Human Rights, 25 Brook. J. Int'l L. (1999).

Frey, Bruno S. and Alois Stutzer (2002). Happiness and Economics: How the Economy and Institutions Affect Human Well-Being. Princeton, NJ: Princeton University Press.

FRIEDMAN, David. The Machinery of Freedom.

Friedrich August von Hayek – Prize Lecture: The Pretence of Knowledge". Nobelprize.org. Nobel Media AB 2014. Web. 13 Mar 2017

GOODMAN, P. S. The New York Times. A Fresh Look at The Apostle of Free Markets. 13 de abril de 2008.

GORDON, Joy. The Concept Of Human Rights: The History And Meaning Of Its Politicization. Brooklyn Journal of International Law. 23 Brooklyn J. Int'l L. 689. 1998, (tradução nossa).

GRAEFF, P. The impact of economic freedom on corruption: different patterns for rich and poor countries. European Journal of Political Economy. Vol. 19, 2003. P. 605-620. Disponível em <https://campus.fsu.edu/bbcswebdav/orgs/econ_office_org/Institutions_Reading_List/17._Corruption_and_Economic_Performance/Graeff,_P._and_G._Mehlkop-_The_Impact_of_Economic_Freedom_on_Corruption%3B_Different_Patterns_for_Rich_and_Poor_Countries> Acesso em: 26 out. 2014.

GRANZIN, Kent L., Jeffrey D. Brazell and John J. Painter (1997). An Examination of Influences Leading to Americans' Endorsement of the Policy of Free Trade, Journal of Public Policy & Marketing. 16: 93–109

GROSSMAN, Lev (December 13, 2006). "Time's Person of the Year: You". Time. Time. Retrieved December 26, 2008.

HAMMARBERG, Thomas. Preface to Chapter 5: Non-Governmental Organisations, in 3 James Avery Joyce, Human Rights: International Documents 1559-60, 1978.

HAYEK, F. A. Lei, legislação e Liberdade.

HAYEK, F. A. The Counter-Revolution of Science. USA, Free Press. 1952, pp. 120-121

HAYEK, F. A. The Principles of a Liberal Social Order. Il Politico, Vol. 31, No. 4 (DICEMBRE 1966), pp. 601-618

HAYEK, Friedrich A. The Constitution of Liberty. Chicago: University of Chicago Press. 1960

HAYEK, Friedrich A. The Sensory Order: On the Foundations of Theoretical Psychology. London: Routledge. 1952

HAYEK, Friedrich. The Use of Knowledge in Society. The American Economic Review. 1945

HEATH, Eugente. Spontaneous Social Order and Liberalism. NYU Journal of Law and Liberty.

HERITAGE FOUNDATION. Index of Economic Freedom. Washington, DC., 2013.

HILAIRES, Belloc. The Servile State. ISBN 1110777000. Editora Biblio Bazaar, LLC, 2007. p. 11

HOPPE, Hans H. Democracia: O Deus que Falhou. 2013 1ed. São Paulo: Instituto Ludwig von Mises Brasil.

HOPPE, Hans-Hermann. Uma teoria sobre o socialismo e o capitalismo. São Paulo: Instituto Ludwig von Mises Brasil, 2010. p. 92

HUMAN RIGHTS. In: MAX PLANCK ENCYCLOPEDIA OF INTERNATIONAL LAW. Londres: Oxford University Press, 2014, tradução nossa)

IKEDA, Sanford. Dynamics of the Mixed Economy. Routledge, 1997. P. 33.

Media in Venezuela. British Broadcast Company News. Londres: 2012. Disponível em: <http://www.bbc.com/news/world-latin-america-19368807> Acesso em: 20 out. 2014.

JOHNS, Michael. Seventy Years of Evil: Soviet Crimes from Lenin to Gorbachev. Policy Review Magazine. The Heritage Foundation, 1987.

JOHNS, Michael. Seventy Years of Evil: Soviet Crimes from Lenin to Gorbachev. Policy Review Magazine. The Heritage Foundation, 1987.

KINSELLA, Contra a Propriedade Intelectual. 1ed. Sao Paulo: Institutlo Ludwig von Mises Brasil. 2013.

KLEY, Roland. Hayek's Social And Political Thought 194–211 (1994).

LABOUR PARTY, Labour Party Rule Book. Londres, 2013. Disponível em <http://labourlist.org/wp-content/uploads/2013/04/Rule-Book-2013.pdf> Acesso em: 21 out. 2014. (tradução nossa)

LARRIVEE, John. It's not the markets, it's the morals: How Excessively Blaming the Markets Undermines Civil Society. In: WOOD Jr., Thomas E. Back on the Road to Serfdom. ISI Books.

LEITE, D. L. Mentiram para você sobre o sistema de saúde dos Estados Unidos. Instituto Mercado Popular. Setembro de 2015.

MANGU-WARD, Katherine (June 2007). "Wikipedia and beyond: Jimmy Wales' sprawling vision". Reason. 39 (2). p. 21. October 31, 2008.

MARX, Karl. Forced Immigration. *New York Daily Tribune.* Março, 1853. Disponível em <https://www.marxists.org/archive/marx/works/1853/03/04.htm> Acesso: 2 nov. 2014. (Tradução nossa)

MARX, Karl. Sobre a Questão Judaica. São Paulo: Boitempo, 2010

MAYDA, Anna M. and Dani Rodrik (2005). Why Are Some People (and Countries) More Protectionist than Others? European Economic Review. 49: 1393–1430

MCMAKEN, Ryan. If Sweden and Germany Became US States, They Would be Among the Poorest States. Mises Institute. Outubro de 2015. Disponível em <https://mises.org/blog/if-sweden-and-germany-became-us-states-they--would-be-among-poorest-states>

MENGER, Anton. Das Recht auf den vollen Arbeitsertrag in geschichtlicher Darstellung. Stuttgart und Berlin. 4 ed. Berlim: 1910.

MILL, John Stuart. The Principles of Political Economy. New York: D. Appleton And Company, 1848.

Milton R Konvitz (ed), Judaism and Human Rights (2nd edn, Transaction 2001); Rabbis for Human Rights, 'Home' <http://rhr.org.il/eng/> accessed 14 February 2013.

MISES, Ludwig Von. Ação Humana. São Paulo: Instituto Ludwig von Mises Brasil, 2010.

MISES, Ludwig von. As seis lições. Tradução de Maria Luiza Borges. 7ª ed. São Paulo: Instituto Ludwig von Mises Brasil, 2009.

MISES, Ludwig von. Human Action. 1949. Capítulo 25.

MISES, Ludwig von. Intervencionismo: uma análise econômica. São Paulo: Instituto Ludwig von Mises – Brasil. 2010, p. 50

MISES, Ludwig Von. O Cálculo Econômico na Comunidade Socialista. Archiv für Sozialwissenschaft und Sozialpolitik. Vol. 47, Abril de 1920. pp. 86-121

MISES, Ludwig von. Socialism: An economic and sociological analyses. Indianapolis: Liberty Press, 1981. p. 220

MURPHY, R. P. How the Market Might Have Handled Katrina. Mises Institute. October, 2005.

Niclas Berggren and Therese Nilsson. Does Economic Freedom Foster Tolerance? KYKLOS, Vol. 66 – May 2013 – No. 2, 177–207

North Sea Continental Shelf, Judgment, I.C.J. Reports 1969, pp. 3, 43, [74],

NOZICK, Robert. Anarchy, State and Utopia. 1971.

Obergefell v. Hodges, No. 14-556, slip op. at 23 (U.S. June 26, 2015).

OLMOS, Marli. Argentina aprova reforma da lei que limita preços e margens de lucro. Valor Econômico. São Paulo. Disponível em <http://www.valor.com.br/internacional/3701816/argentina-aprova-reforma-da-lei-que-limita--precos-e-margens-de-lucro> Acesso em: 3 nov. 2014.

ORGANIZAÇÃO DAS NAÇÕES UNIDAS. Comentário Geral ao ICCPR: Número 06. CCPR/C/21/Rev.1/Add. 13. Disponível em < http://ccprcentre.org/doc/ICCPR/General%20Comments/CCPR.C.21.Rev1.Add13_%28GC31%29_En.pdf> Acesso em: 2 nov. 2014.

ORGANIZAÇÃO DAS NAÇÕES UNIDAS. Pacto International dos Direitos Civis e Políticos. International Covenant on Civil and Political Rights. Disponível em: <http://www.ohchr.org/en/professionalinterest/pages/ccpr.aspx> Acesso em: 29 set. 2014

PLATO. The Laws (2013, apud SHELTON, op. cit., cap. II).

POSNER, Richard. The Economics Of Justice. Boston: Harvard, 1981.

RAND, Ayn. The Objectivist Ethics.

REISMAN, George. Por que o nazismo era socialismo e por que o socialismo é totalitário. Instituto Ludwig von Mises Brasil. São Paulo: 2014. Disponível em <http://www.mises.org.br/Article.aspx?id=98> Acesso em: 14 out. 2014

REPÚBLICA DEMOCRÁTICA DA ALEMANHA. Verfassung der DDR. 1949, Artigo 24. Disponível em <http://www.ddr-im-www.de/Gesetze/Verfassung.htm>. Acesso em: 21 out. 2014

REPÚBLICA FEDERAL DO BRASIL. Constituição Federal de 1988. Artigo 6º. Disponível em < http://www.planalto.gov.br/ccivil_03/constituicao/ConstituicaoCompilado.htm > Acesso em: 23 de out. de 2014.

ROCKWELL, L. H. Katrina and Socialist Central Planning. Mises Institute. October, 2005.

ROMERO, Simon. Venezuela plans to nationalize two industries – Americas - International Herald Tribune. The New York Times. Caracas, 2007. Disponível em <http://www.nytimes.com/2007/01/09/world/americas/09iht-venez.4147028.html?pagewanted=all&_r=0> Acesso em: 20 out. 2014

ROQUE, Leandro. Surpresa! Desde o real, preços regulados pelo governo subiram muito mais que os preços de mercado. Disponível em: <http://www.mises.org.br/Article.aspx?id=2499>

ROTHBARD, Murray. Por uma Nova Liberdade. 1ed. São Paulo: Instituto Ludwig von Mises – Brasil.

ROYAUME DE FRANCE. Déclaration des droits de l'homme et du citoyen de 1789. Disponível em <http://www.conseil-constitutionnel.fr/conseil-constitutionnel/francais/la-constitution/la-constitution-du-4-octobre-1958/declaration-des-droits-de-l-homme-et-du-citoyen-de-1789.5076.html> Acesso em 12 set. 2014.

SHAW, Malcolm. International Law. 6ª Ed. Londres: Cambridge University Press, 2008.

SHELTON, Dinah. The Oxford Handbook of International Human Rights Law. ISBN 9780199640133 Londres: OUP Oxford, 2013, (tradução nossa)

SLIWINSKI, Marek. Le génocide khmer rouge. Editions L'Harmattan (January 1, 1995). P. 49-67

OXFORD DICTIONARY. Londres: Oxford University Press, 2014 Disponível em: <http://www.oxforddictionaries.com/us/definition/american_english/socialism> Acesso em: 1 nov. 2014.

SOWELL, Thomas. Basic Economics. 4ª Ed. Nova Iorque: Basic Books, 2007.

SOWELL, Thomas. Os Intelectuais e a Sociedade. 1ed. 2011. São Paulo: É Realizações Editora.

STRANGE, Hannah. Nicolas Maduro steps up offensive against 'bourgeoisie' with profit limits. The Telegraph. Londres, 2014. Disponível em <http://www.telegraph.co.uk/news/worldnews/southamerica/venezuela/10468615/Nicolas-Maduro-steps-up-offensive-against-bourgeoisie-with-profit-limits.html> Acesso em: 20 out. 2014

STROGOVITCH, M.S. La protection des droits des citoyens en U.R.S.S. In: Revue internationale de droit comparé. Vol. 16 N°2, Avril-juin 1964. pp. 297-306. Disponível em <http://www.persee.fr/web/revues/home/prescript/article/ridc_0035-3337_1964_num_16_2_13937> Acesso em: 17 de out. 2014.

STRUVE, Lynn. Huang Zongxi in Context: A Reappraisal of His Major Writings. Journal of Asian Studies, 1998. (2013, apud SHELTON, op. cit., cap. II).

STRYDOM, The economics of information. In: BOETKKE, Peter. The Elgar Companion to Austrian Economics. 1996

Terry Miller and Anthony B. Kim, 2017 Index of Economic Freedom (Washington: The Heritage Foundation, 2017)

The Bulletin of International News, Royal Institute of International Affairs, v. XVIII, n.º 5, p. 269 (apud HAYEK, op cit., 2010)

The Evolution of Human Rights' United Nations Weekly Bulletin (12 August 1946)

The War Relocation Authority and The Incarceration of Japanese Americans During World War II: 1948 Chronology, Web page at www.trumanlibrary.org. Acessado em September 11, 2006.

THOMSON, George. The Tindemans Report And The European Future. Disponível em: <http://aei.pitt.edu/10796/1/10796.pdf> Acesso em: 25 out. 2014.

THORNTON, Mark. The Economics of Prohibition. Mises Institute, EUA. P. 82

UNESCO, The Birthright of Man (UNESCO 1969) 303

UNIÃO DAS REPÚBLICAS SOCIALISTAS SOVIÉTICAS. Constituição da União Soviética de 1924. Traduzida para o Inglês. Disponível em <http://www.answers.com/topic/1924-constitution-of-the-ussr> Acesso em: 17 de out. 2014

UNIÃO DAS REPÚBLICAS SOCIALISTAS SOVIÉTICAS. Constituição da União Soviética de 1936. Traduzida para o Inglês. Disponível em <http://www.departments.bucknell.edu/russian/const/36cons04.html#chap10> Acesso em: 17 de out. de 2014

UNIÃO DAS REPÚBLICAS SOCIALISTAS SOVIÉTICAS. Constituição Soviética de 1977. Tradução para o Inglês. Disponível em <http://www.departments.bucknell.edu/russian/const/77cons02.html> Acesso em: 19 out. 2014.

UNIVERSITY OF CALIFORNIA SAN FRANCISCO. Health and Health Care in Russia and the Former Soviet Union. Disponível em <http://meded.ucsf.edu/gh/health-and-health-care-russia-and-former-soviet-union> Acesso em: 2 nov. 2014.

Vladimir G. Treml and Michael V. Alexeev, "The Second Economy and the Destabilization Effect of Its Growth on the State Economy in the Soviet Union: 1965-1989". BERKELEY-DUKE OCCASIONAL PAPERS ON THE SECOND ECONOMY IN THE USSR, Paper No. 36, December 1993

WEISS, Hilde (2003). A Cross-National Comparison of Nationalism in Austria, the Czech and Slovac Republics, Hungary, and Poland, Political Psychology. 24: 377–401.

ZEITLER, Christoph. Spontane Ordnung, Freiheit und Recht: Zur politischen Philosophie von Friedrich August von Hayek. Frankfurt am Main, New York: Peter Lang. 1995.

Reconhecimentos

São reconhecidos, como fundamentais para a construção deste livro, os que seguem:

Instituto Mises Brasil, pela oportunidade de pesquisa e conhecimento;

H. Beltrão, pelo pioneirismo no Brasil, demonstração e experiência, que fez de tudo isso possível;

R. Dal Molin, pela cognição organizacional e profissional indispensável;

F. Sanfelice, A. Freo e **G. Riesgo,** pela amplitude da ação liberal que formatou esta carreira;

R. Marinho, pela base teórica e encorajamento moral dentro da área jurídica da Escola Austríaca;

F. Barbieri, M. Abreu e R. Ramos, pelas valiosas e críticas lições que integram esta obra;

M. Lion e T. Batista, pelo suporte, assistência e comprometimento moral;

P. Lorenzon, N. Lorenzon e N. A. Lorenzon, pelo suporte afetuoso e pessoal indispensável;

J. Cristo, pela base moral da civilização ocidental que fez possível o desenvolvimento dos direitos humanos;

Deus, pela sua ordem espontânea e tudo que dela advém.

Sobre o autor

Geanluca Lorenzon é consultor do mercado empresarial. Ex-Diretor Geral de Operações do Instituto Mises Brasil, é advogado e graduado em Direito pela Universidade Federal de Santa Maria (UFSM), pós-graduado em Competitividade Global por Georgetown University (Washington, DC), e especialista em Organizações Políticas pela Theodor Heuss Akademie (Alemanha). Em 2014 ganhou a premiação de melhor orador, melhores memoriais e título nacional nas rodadas brasileiras da Philip C. Jessup International Law Moot Court Competition, a maior e mais prestigiada competição de direito do mundo, com nota recorde histórica até aquele momento. Atuou como consultor econômico para peça do *editorial board* do The Wall Street Journal (WSJ), o maior e mais influente jornal dos EUA, acerca da crise brasileira causada pela Nova Matriz Econômica, em dezembro de 2015. É também Fundador e ex-Presidente do Clube Farroupilha e do Club of Internacional Law of UFSM.